高等教育艺术设计精编教材

Flash动画整体创作基础教程

柳执一　编著

清华大学出版社

北京

内 容 简 介

本教材围绕动画专业"Flash 动画"课程创作及教学全过程进行编写,通过课堂教学设计与作业设计进行具体案例的分析与讲解,并对该课程的内容设置、学时分配、动画技法提出了建设性的教学理念。具体内容包括 Flash 动画基础知识、矢量与位置绘画技法的比较、水墨动画的 Flash 技法模拟等全新的教学案例。本书完全针对动画专业教学需要,遵循动画专业学术规律。充分利用周边资源,融合二三维动画的创作特点,并尽量体现动画创作规律、动画创作技法的特点。本书突出了教学实践与动画创作的实战训练,对其他周边课程有着较强的整合作用,让学生得到充分锻炼,从而真正做到学以致用。在案例教学中引入了横向课题即商业案例的创作全过程,并将商业性原创动画短片的制作技巧与经验融入课堂教学。

本教材主要作为全日制本科高校在校生使用,也可作为高职高专教材与商业性培训班的教材使用。

图书在版编目(CIP)数据

Flash 动画整体创作基础教程/柳执一编著. --北京:清华大学出版社,2014(2019.7 重印)
高等教育艺术设计精编教材
ISBN 978-7-302-34716-3

Ⅰ. ①F…　Ⅱ. ①柳…　Ⅲ. ①动画制作软件—高等学校—教材　Ⅳ. ①TP391.41

中国版本图书馆 CIP 数据核字(2013)第 292359 号

责任编辑:张龙卿
封面设计:徐日强
责任校对:刘　静
责任印制:宋　林

出版发行:清华大学出版社
　　　　网　　　　址:http://www.tup.com.cn,http://www.wqbook.com
　　　　地　　　　址:北京清华大学学研大厦 A 座　　　　　　　　邮　　编:100084
　　　　社 总 机:010-62770175　　　　　　　　　　　　　　　邮　　购:010-62786544
　　　　投稿与读者服务:010-62776969,c-service@tup.tsinghua.edu.cn
　　　　质 量 反 馈:010-62772015,zhiliang@tup.tsinghua.edu.cn
印　装　者:涿州市京南印刷厂
经　　销:全国新华书店
开　　本:210mm×285mm　　　　　印　　张:8.5　　　　字　　数:245 千字
版　　次:2014 年 4 月第 1 版　　　　　　　　　　　　　　印　　次:2019 年 7 月第 3 次印刷
定　　价:48.00 元

产品编号:045081-01

前　言

Flash动画发展到今天，作为真正的二维动画的既定标准，已经成为互联网多媒体的重要创作手段。本教材主要针对高校动画专业教学培养方案中"Flash动画"课程的教学需要并结合大量的教学案例所编写。"Flash动画"是目前高校动画专业所普遍开设的专业课，本教材对"Flash动画"这一重要专业课程的建设、发展的重点和需要解决的问题进行了一系列的探讨。在课程设置、作业设计两方面提出了教学改革的理念。

在课程设置上，本教材一改大多数动画院校创作型专业课"阶段性授课"的传统设置模式，采用了"非阶段性每周授课"的课程设计，延长了动画作业制作周期。

在作业设计上，本教材充分利用了较长的教学周期，将作业设计深入细化，作业次数增多，作业难度层次增加，并充分利用以作品形式考试的优势，增强了教学实践效果。充分突出了教学实践与动画创作的实战训练，对其他周边课程有着较强的整合作用，让学生充分锻炼"会学会用"的能力。

本书在案例教学中引入了横向课题即商业案例的创作全过程，并将商业性原创动画短片的制作技巧与经验融入课堂教学。本教材主要适合全日制本科高校在校生使用，也可作为高职高专学生的教材与商业性培训班的教材。本书的编写完全针对动画专业教学需要、坚持动画专业学术规律、针对动画专业教学需要，一改其他Flash动画教材针对多个专业编写的特点。

本书采用"二三结合"的方针，充分利用周边资源，融合二三维动画的创作特点。

在此，特别感谢浙江传媒学院动画学院的同学们在本书编写的过程中给予的大力支持。

作　者
2014年2月

目　录

Flash动画整体创作基础教程

第 1 章
"Flash动画" 课程简介与教学重点

1.1 "Flash 动画"课程概要与设置

Flash 最早出现并兴起于网络,是网络多媒体动画的重要制作形式。2005 年 Adobe 公司收购 Macromedia 公司及其旗下产品线,为 Flash 动画进入传统影视动画领域提供了重要契机。从此 Flash 开始与 Adobe 旗下的 Premiere、After Effects、Photoshop 等传统影视、计算机绘画制作平台紧密结合,共同发展,突破了 Flash 仅仅局限于网络动画的狭义概念。随着 Flash 软件制作功能的日益提升,一些动画学院、培训机构在教学实践中都将 Flash 动画作为重要专业主干课程来发展。

Flash 作为教学平台,有两个重要的优势。首先,在动画专业教学上基于全过程的"无纸"动画制作流程。Flash 动画成为二维动画教学中唯一一个可以包括从"前期制作" 到 " 后期合成"全过程的创作方式。加之与其他影视、计算机绘画形成了通用平台,大大缩短了动画制作技术上的复杂程度和创作流程,降低了开发成本,加快了教学过程,也使得 Flash 动画成为许多动画学院、动画公司产学研一体化的先锋。

另外 Flash 的交互式语言平台使得其在多媒体设计领域有着重要的拓展能力,应用范围覆盖诸多领域,如电视广告、网络广告、游戏、演示动画、课件、网页、手机动画等新兴媒体,对拓宽就业面有相当重要的作用。

目前在一些动画学院的动画教学科研实践中,学生及教师创作的瓶颈主要有两个。

1．时间、物质成本

一部动画片的创作,从宏观角度上来讲大致经过三个阶段,即从前期的剧本创作、角色设定的创意阶段,到中期的分镜头台本创作、原画稿和设计稿创作、场景设计阶段,再到后期的中间画制作、音效、后期制作阶段。可以说,越往后的阶段,消耗的刚性工作量也就越大。目前动画专业师生创作一部动画实验性短片,在保证一定质量的前提下,整个创作周期人均进度能够达到每天一秒已经相当不错了,大多数在技法、成员配合上不成熟的团队往往达不到这个速度。一部 3 ~ 5 分钟的学生动画短片的制作周期,绝大多数情况下需要 6 ~ 8 个月,即两个学期左右的跨度。据笔者在动画专业教学中的不完全统计,一个动画专业的本科生在四年学习期间,绝大多数人只参与过一到两部实验性动画片的创作,从事过某一部分创作。而作为一名导演来独立完成一部动画短片的学生不超过总数的 1/3。

因此动画片制作时间长是制约动画教育发展的一个重要的客观因素,通过技法锻炼、优化组合等手段来缩短制作时间、提高制作质量与效率,是动画教学一个需要重点解决的问题。

相对于"无纸动画"而言,传统的手绘动画对于设备和耗材尤其是工作室的人均占地面积有着比较高的要求。在学生日常教学练习中这是一个不小的瓶颈。

2．合作模式

相对于时间、物质成本较容易受到重视的情况，合作模式在动画教学中的作用往往不被重视。很多教师把动画公司、美影厂的"流水线"分工模式直接作为学生创作时进行合作的理想模式来参照。笔者在动画专业教学中发现很多半途而废的动画项目往往都是因为这种运作模式自身的缺陷而造成的。

企业界之所以使用"流水线"分工合作模式，主要是因为这样的运作模式更有效率，但如果认为在教学实验中采用这样的模式也会同样有效率就有点生搬硬套了。基础教学中的动画片创作毕竟不同于动画片生产，教学有其自身的规律。毕竟现今中国高校对学生的考评方法是以个人为基本单位而非团队，动画作品欣赏见图 1-1（《被单骑士》幼儿园场景（鲍懋、范祖荣））。

⊕ 图　1-1

（1）合作意愿的问题，"流水线"运作模式下，分工必然有高有低，必然有脏活累活。有"导演"、"编剧"、"原画设计"这样较为"核心"、"高级"的分工，也有"中间画"、"后期特效"这样拥有大工作量的"低级"分工。因此笔者曾见过多个学生动画创作项目在立项之初，就因其项目组成员争夺"导演"、"编剧"、"人设"等较为核心的分工，无人问津"中间画"、"后期合成"等分工而导致项目早早搁浅。在教学过程中出现"一强多弱"合作模式下合作成功的几率较高，而"强强联合"合作模式下失败的却居多，因此项目合作时要考虑到人的因素。

各个分工环节之间各自为政，不为下一个环节考虑，也是教学过程中经常出现的问题。尤其是"剧本创作"、"角色设计"这几个前期阶段在规划和创意过程中不考虑后续人员制作能力是否能够完成，制作周期是否延长，因"各人自扫门前雪"而造成整体效果上的缺失。因此，在动画教学实验环节一味地将"流水线"式的合作方法作为理想模式，就很容易产生"三个和尚没水吃"的尴尬。

（2）技法兼容性、创作手法的问题，如果项目组成员个人之间采用的手法、创作方式差距太大，也是不能合作成功的。当下的教育对于学生"个性"培养的重视程度，已经为社会各界所关注，加上学生成绩考评体系的基本单位是个人而不是团队，因此在实际教学中，学生对于创作技法的兴趣更大，更乐于追求"与众不同"的效果，却很少考虑与他人的兼容性、合作的可能性等实际技术问题。

本科教学对于毕业生的要求是"宽口径、厚基础"，但是单一地将教学进行"流水线"式的拆分，将学生的专业能力局限在某一分工上，也是不符合本科教学规律的。

1.2 "Flash 动画"课程建设重点解析

1.2.1 一整套完整的技法探索

探索一套成熟的技法,并由全体学生逐步充实完善,这样能大大减少学生在动画制作上耗费的精力。一套成熟的技法,能够显著地提高制作效率,降低时间成本,而且能够强化整体面貌,从而形成风格上的识别性。

因此我们必须有自己的技法,而不是从一开始就鼓励学生一个人一个面貌。个性必须建立在共性的基础上。学生要发挥个性,必须建立在这套技法的基础上,这套技法必须要有一定的兼容性、识别性。要方便与其他同学的合作。必须以学院为单位形成一个自身的动画片风格面貌,在这个基础上才能有更进一步的发展。

Flash 动画平台自身的主要缺陷在于缺乏位图处理及后期合成等方面的功能。不过随着 Flash 动画制作软件与 Adobe 旗下其他制作平台结合的日益紧密,促进了 Flash 动画风格的发展。

从产业化运作的角度来讲,Flash 动画制作价格有高有低。作为一个将"产学研"一体化作为建设目标的动画专业,不可能每部动画都用一套班子,所以 Flash 动画技法应保证高、中、低都要兼顾,并且要成熟、兼容。Flash 动画有着向"无纸"化制作发展的优势。可以完成从原画、动画、场景制作、描线、上色、校对、剪辑甚至到音效编辑、动画片合成等整个过程。Flash 动画缩短了制作周期、简化了制作条件、降低了基础平台的门槛。随着 Adobe 旗下各个制作软件的不断整合,Flash 在高端动画平台上的制作能力不断得到加强。

1.2.2 项目团队合作方式——"合作不分工"的并行模式的探索

从长时间的课程基础教学实践经验来看,"流水线"式的分工合作模式在动画专业本科课堂基础教学中有着诸多的弊端。改变串行"流水线"合作分工模式作为 Flash 动画合作的唯一模式,采用多种合作模式的探索与尝试是"Flash 动画"课程的一个重点。

从图 1-2(学生团队创作分工模式比较)中不难看出,将"串行"变为"并行",将"分工合作"变为"不分工合作",这样的好处在基础教学中总是显而易见的,每个项目组成员都参与了动画片创作的全过程,真正做到了"人人有责",对于培养学生的综合素养是非常有成效的。同样也为进一步深入学习明确了方向,这样在毕业创作开始之前就形成了一些较为固定的制作团队。

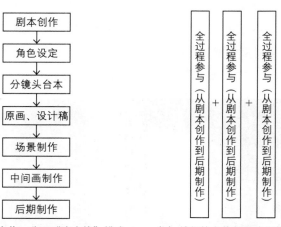

（a）串行的合作、分工"流水线"模式　　（b）并行的合作但不分工的模式

图　1-2

角色先行是并行合作的重要基础,区别于教学常用的"剧本先行"模式。图1-3(动画《京魂》剧照(金宽、陈贤))是浙江传媒学院动画学院 Flash 动画课程的结题作业《京魂》,采用的就是并行的合作不分工模式创作的。创作的出发点是两名学生各自设计"包干"、"扮演"各一名角色,协同创作剧本、分镜直至后期合成等一系列制作环节,取得了良好的成绩。从制作技法来看,使用 Flash 矢量技术制作角色及动作,并协调运动,用 Photoshop 及 Painter 绘制场景及道具等并分层导入,其中还有一部分道具使用了三维动画技术,并在 Flash 中完成初步合成,最后使用 Premiere、After Effects 进行最终特效制作与合成。

✛ 图 1-3

因此,"Flash 动画"课程建设的重点,应该围绕整套技法完善、合作模式探索两个重点来展开。应充分利用周边平台,积极开展教学研究与探讨,吸取最新的学科成果,注重教学方法,不断提高教学科研水平,从而形成课程自身的风格和面貌。

1.3　Flash 常用功能

1.3.1　初识 Flash

Flash 作为一种交互式的矢量动画设计工具,自美国 Macromedia 公司于 1996 年 11 月推出以来,受到了广大用户的欢迎,现已风靡全球。Flash 自进入中国以来,很快被国内很多动画制作团队与个人所使用并推广。

Flash 的前身是 Future Splash Animator,由乔纳森·盖伊(Jonathan Gay)和他的设计团队发布于 1996 年,当时正值 Windows 95 图形化界面操作系统刚刚推出,当年也是互联网高速发展的一年,大部分人已经不满足于互联网单调的平面浏览模式,多媒体网页及动画的交互式浏览受到了更多的关注,如图1-4所示为 Flash 创始团队(左起为乔纳森·盖伊、加里罗斯、彼得圣安杰利、罗伯特·陈)。

✛ 图 1-4

幸运的是，FutureSplash Animator（如图 1-5 所示）刚发布就收到了两大巨头微软和迪士尼的订单。微软公司在一开始就看好这个以网络为传播媒介的动画软件并使用它设计了一系列的产品。而迪士尼公司，则使用这个软件设计了 Disney Online 网站，非常好地解决了网络带宽和动画特效之间的矛盾。

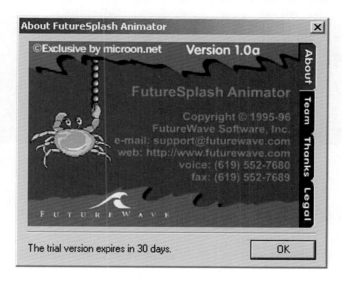

⊕ 图 1-5

由于 FutureSplash Animator 的空前成功。同年 11 月，Macromedia 公司收购了 FutureWave 公司，将 FutureSplash Animator 重新命名为 Macromedia Flash 1.0，这也是 Flash 的正式登场。

2005 年 4 月 18 日，Adobe 公司斥资 34 亿美元收购了 Macromedia 及其旗下产品线，其中当然也包括了 Flash。从 Flash CS6 新版本开始，将从 Adobe Illustrator 和 Photoshop 中整合图像编辑能力，可以非常轻松地将元件从 Photoshop 和 Illustrator 中导入到 Flash 中编辑。Flash 与 Illustrator 共享界面和图形。这对很长时间图形方面没有改进的 Flash 是一个好消息。

Flash 融矢量动画和互动多媒体两个特性于一身，一改传统动画的传播方式，将动画从电影电视扩展到网络、手机等各种移动平台，并使静态页面的展现形态变为多媒体化。

Flash 动画的创作和发布模式与传统影视动画的生产和发行相比有了相当大的改变，Flash 在很大程度上降低了制作成本并提高了制作效率。传统动画虽然有一整套制作体系来保障动画片的制作效果，但还是有难以克服的缺点，比如分工太细，设备要求较高等。

一部完整的传统动画片，无论是 5 分钟的短片还是 2 小时的长片，都是经过编剧、导演、美术设计（人物设计和背景设计）、设计稿、原画、动画、绘景、描线、上色（上色是指描线复印或者计算机扫描上色）、校对、摄影、剪辑、作曲、拟音、对白配音、音乐录音、混合录音、洗印（转磁输出）等十几道工序的分工合作、密切配合，才可以顺利完成。在 Flash 动画创作流程上，计算机动画可实现动画制作流程的扁平化，软件可以在绘画完成之后马上可以看到结果，不需要额外在合成之后才审查成品。动作检查、扫描上色等步骤均可以使用软件来完成，在硬件设备方面，有个人计算机、扫描仪、手绘板等设备的配合，就可以独立完成动画创作。

Flash 同时也是一款非常优秀的前期设计工具及后期合成工具。Flash 的合成功能使得原本复杂的动画后期制作变得简单。例如某些反复出现的行走动作、镜头，传统动画方式需要绘制整个过程，Flash 只需要绘制一个循环影片剪辑便可反复使用合成效果。目前已经有相当多的传统动画制作公司使用 Flash 来完成传统手绘动画后期合成的效果。如图 1-6 所示（《孝女曹娥》（2006 年）），浙江传媒学院创作的系列动画《孝女曹娥》的制作过程就大量使用了 Flash 来完成。

⊕ 图 1-6

1.3.2　Flash 设置首选参数部分常用选项

选择"编辑"→"首选参数"命令,在"类别"列表中选择"常规"、ActionScript、"自动套用格式"、"剪贴板"、"绘画"、"文本"或"警告",在相应的选项中选择或设置。

1."常规"选项卡首选参数

(1) 对于"启动时"选项区,可以选择其中一个选项以指定在启动 Flash 时打开哪个文档。选择"显示开始页"选项可以显示"开始"页面;选择"新建文档"选项可打开一个新的空白文档;选择"打开上次使用的文档"选项可打开上次退出 Flash 时打开的文档;选择"不打开任何文档"选项可启动 Flash 而不打开文档。

(2) 对于"撤销"选项区,必须输入 2 ~ 300 之间的值,从而设置撤销 / 重做的级别数。撤销级别需要消耗内存;使用的撤销级别越多,占用的系统内存也就越多,默认值为 100。接下来可以选择"文档层级撤销"或"对象层级撤销"选项。"文档层级撤销"选项维护一个列表,其中包含对整个 Flash 文档的所有动作。"对象层级撤销"选项为针对 Flash 文档中每个对象的动作单独维护一个列表。"对象层级撤销"选项提供了更大的灵活性,因为可以撤销针对某个对象的动作,而无须另外撤销针对修改时间比目标对象更近的其他对象的动作。

(3) 对于"打印选项"区(仅限 Windows),如果要在打印到 PostScript 打印机时禁用 PostScript 输出,可以选择"禁用 PostScript"。在默认情况下,此选项处于取消选择状态。如果打印到 PostScript 打印机有问题,可以选择此选项,但是这会减慢打印速度。

(4) 对于"测试影片"选项区,可选择"在选项卡中打开测试影片"选项,这样在选择"控制"→"测试影片"命令时在应用程序窗口中打开一个新的文档选项卡。默认情况是在其自己的窗口中打开测试影片。

(5) 对于"选择选项"选项区,选择或取消选择"使用 Shift 键连续选择"选项可以控制 Flash 如何处理多个元素的选择。如果没有选择"使用 Shift 键连续选择"选项,单击"附加元素"功能即可将它们添加到当前选择中。如果打开了"转换选择"选项,单击"附加元素"将取消选择其他元素,除非按住 Shift 键。选择"显示工具提示"选项可以在指针停留在控件上时显示工具提示,如果不想看到工具提示,可以取消选择此选项。

(6) 选择"接触感应"选项区后,当使用"选择"工具或"套索"工具对对象进行拖动时,如果矩形框中包括了对象的任何部分,则对象将被选中。默认情况是仅当工具的矩形框完全包围对象时,对象才被选中。

(7) 对于"时间轴"选项区,选择"基于整体范围的选择"选项,可以在时间轴中使用基于整体范围的选择,而不是使用默认的基于帧的选择。

选择"场景上的命名锚记"选项可以让 Flash 将文档中每个场景的第一个帧作为命名锚记。命名锚记使用户可以使用浏览器中的"前进"和"后退"按钮从 Flash 应用程序的一个场景跳到另一个场景。

（8）对于"加亮颜色"选项区，可以从面板中选择一种颜色，或选择"使用图层颜色"以使用当前图层的轮廓颜色。

（9）对于"项目"选项区，选择"随项目一起关闭文件"选项可以使项目中的所有文件在关闭项目文件时关闭；选择"在测试项目或发布项目上保存文件"选项，可以使得用户只要测试或发布项目，便于保存项目中的每个文件。

2．"剪贴板"首选参数

（1）对于"位图"选项区（仅限 Windows），选择"颜色深度"和"分辨率"选项可以指定复制到剪贴板的位图的相应参数。选择"平滑"选项可以应用"消除锯齿"功能。在"大小限制"文本框中输入值可以指定将位图图像放在剪贴板上时所使用的内存量。在处理大型或高分辨率的位图图像时，应增加此值。如果计算机的内存有限，可以选择"无"。

（2）对于"渐变质量"选项区（仅限 Windows），选择一个选项可以指定在 Windows 元文件中放置的渐变填充的质量。选择较高的品质将增加复制插图所需的时间。使用此设置可以指定将项目粘贴到 Flash 外的其他位置时的渐变色品质。如果粘贴到 Flash 内，则无论"剪贴板上的渐变色"选项设置如何，所复制数据的渐变质量将完全保留。

（3）对于"PICT 设置"选项区（仅限 Macintosh），就"类型"而言，选择"对象"可以将复制到剪贴板的数据保留为矢量插图，或者选择其中一种位图格式可以将复制的插图转换为位图。输入一个分辨率值，选择"包含 PostScript"选项，可以包含 PostScript 数据。对于"渐变"选项，选择一个选项可以指定 PICT 中的渐变色品质。选择较高的品质将增加复制插图所需的时间。使用"渐变"设置可以指定将项目粘贴到 Flash 外的位置时的渐变色品质。如果粘贴到 Flash 内，则无论"渐变"设置如何，所复制数据的渐变质量将完全保留。

（4）对于"FreeHand 文本"选项区，选择"保持文本为块"选项可以确保粘贴的 FreeHand 文件中的文本是可编辑的。

3．"开始"页

（1）通过"开始"页，可以轻松地访问常用操作。"开始"页包含以下四个区域。

① 打开最近项目。用于打开最近的文档，也可以通过单击"打开"图标显示"打开文件"对话框。

② 创建新项目。列出了 Flash 文件类型，如 Flash 文档和 ActionScript 文件。可以通过单击列表中所需的文件类型快速创建新的文件。

③ 从模板创建。列出了创建新的 Flash 文档最常用的模板。可以通过单击列表中所需的模板创建新文件。

④ 扩展。链接到了 Macromedia Flash Exchange Web 站点，可以在其中下载 Flash 的助手应用程序、Flash 扩展功能以及相关信息。

"开始"页还提供对"帮助"资源的快速访问。可以浏览 Flash、学习有关 Flash 文档的资源以及查找 Macromedia 授权的培训机构。

（2）隐藏"开始"页：在"开始"页上，选择"不再显示此对话框"。

（3）再次显示开始页，选择"编辑"→"首选参数"→"常规"→"启动时"→"显示开始页"。

4．Flash 工作区设置

Flash 提供了许多种自定义工作区面板的方式,使用户可以处理对象、颜色、文本、实例、帧、场景和整个文档,也可以查看、组织和更改文档中的元素及其属性,以满足不同的需要。例如,可以使用"混色器"面板创建颜色,并使用"对齐"面板将对象彼此对齐或与舞台对齐。面板中的可用选项控制着元件、实例、颜色、类型、帧和其他元素的特征。默认情况下,工作区面板以组合的形式显示在 Flash 工作区的底部和右侧。

要查看 Flash 中可用面板的完整列表,可查看"窗口"菜单。

大多数面板都包括一个带有附加选项的弹出菜单。此弹出菜单由面板标题栏右侧末尾的控件指示。如果没有显示弹出菜单控件,该面板就没有弹出菜单。

可以显示、隐藏面板和调整面板的大小。可以将面板组织到组中,可以重新排列各面板在面板组内出现的顺序。也可以创建新的面板组,以及将面板放入现有的面板组。还可以将面板组合在一起并保存自定义面板设置,以使工作区符合个人的偏好。如果希望面板脱离其他面板组单独显示,可以拖动该面板并使之浮动。

（1）自定义面板

① 打开或关闭面板

从"窗口"菜单选择所需的面板,即可打开一个面板。关闭面板可以右击面板标题栏,然后从上下文菜单中选择"关闭面板"。

选择"窗口"→"隐藏面板"可关闭所有面板。

② 使用面板的弹出菜单

单击面板标题栏中最右边的控件会弹出快捷菜单,单击该菜单中的一个项目。

③ 调整面板大小

拖动面板的边框可调整面板大小。

④ 面板或将面板折叠为其标题栏

单击标题栏上的折叠箭头可将其折叠为标题栏。再次单击折叠箭头会将面板展开并恢复到它以前的大小。

⑤ 移动面板

用面板的抓手拖动面板,将它放到另一个面板旁边,目标面板旁边显示一条黑线,以显示面板将要放置到的位置。

⑥ 在一个面板窗口中显示多个面板

单击面板的弹出菜单,选择"将面板名称组合至"命令,从子菜单中选择另一个要将当前面板添加上去的面板。

⑦ 浮动面板

拖动面板的抓手,将它与其他面板分开。

⑧ 创建新的面板组

拖动面板的抓手,使之离开其他面板组,并向第一个面板添加其他面板以构成一个新组。

⑨ 保存自定义面板设置

选择"窗口"→"工作区布局"→"保存当前"命令,在打开的窗口中输入布局名称,然后单击"确定"按钮。

⑩ 选择面板布局

选择"窗口"→"工作区布局"命令,从子菜单中选择"默认布局"命令,可将面板重置为默认布局,也可以选择以前保存的自定义布局。

⑪ 删除自定义布局

选择"窗口"→"工作区布局"→"管理"命令,在"管理工作区布局"对话框中选择要删除的面板设置,单击"删除"按钮,再单击"是"按钮确认,删除后,单击"确定"按钮关闭面板。

(2)"属性"面板

"属性"面板("属性"检查器)可以显示当前文档、文本、元件、形状、位图、视频、组、帧或工具的信息和设置。使用"属性"面板可以很容易地访问舞台或时间轴上当前选定项的最常用属性,从而简化了文档的创建过程。可以在"属性"面板中更改对象或文档的属性,而不用访问也可控制这些属性的菜单或面板。

当选定了两个或多个不同类型的对象时,"属性"面板会显示选定对象的总数。

要显示"属性"面板,选择"窗口"→"属性"→"属性"命令或按 Ctrl+F3 组合键,可以显示"属性"面板,如图 1-7 所示。

(3)"动作"面板

"动作"面板(如图 1-8 所示)可以创建和编辑对象或帧的 ActionScript 代码。选择帧、按钮或影片剪辑实例可以激活"动作"面板。根据所选的内容,"动作"面板标题会变为"按钮动作"、"影片剪辑动作"或"帧动作"。

要显示"动作"面板,选择"窗口"→"动作"命令或按 F9 键,可显示"动作"面板。

(4)"库"面板

"库"面板(如图 1-9 所示)是存储和组织在 Flash 中创建的各种元件的地方,它还用于存储和组织导入的文件,包括位图图形、声音文件和视频剪辑。"库"面板可以组织文件夹中的库项目,查看项目在文档中使用的频率,并按类型对项目进行排序。

⬆ 图 1-7

5. Flash 菜单栏

菜单栏包括文件、编辑、视图、插入、修改、文本、命令、控制、调试、窗口和帮助一系列的菜单,如图 1-10 所示。

"文件"菜单:用于文件操作,如创建、打开和保存文件等。

"编辑"菜单:用于动画内容的编辑操作,如复制、剪切和粘贴等。

"视图"菜单:用于对开发环境进行外观和版式设置,包括放大、缩小、显示网格及辅助线等。

"插入"菜单:用于插入性质的操作,如新建元件、插入场景和图层等。

"修改"菜单:用于修改动画中的对象、场景甚至动画本身的特性,主要用于修改动画中各种对象的属性,如帧、图层、场景以及动画本身等。

"文本"菜单:用于对文本的属性进行设置。

"命令"菜单:用于对命令进行管理。

"控制"菜单:用于对动画进行播放、控制和测试。

"调试"菜单:用于对动画进行调试。

"窗口"菜单:用于打开、关闭、组织和切换各种面板。

"帮助"菜单:用于快速获得帮助信息。

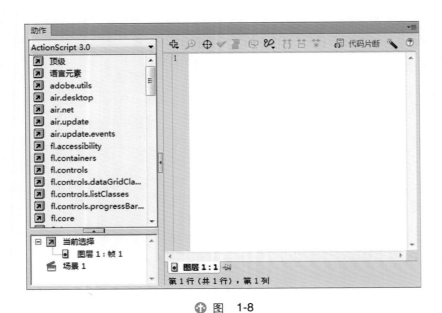

⬆ 图 1-8

⬆ 图 1-9

文件(F)　编辑(E)　视图(V)　插入(I)　修改(M)　文本(T)　命令(C)　控制(O)　调试(D)　窗口(W)　帮助(H)

⬆ 图 1-10

1.3.3　Flash 的常用工具与快捷键

Flash 工具栏共由标准工具栏、绘图工具栏、状态工具栏、控制器工具栏组成，可以在菜单栏的"窗口"→"工具栏"命令进行调整。

1．主工具栏

在许多应用程序，如 Word 中也有类似的工具，因此我们称其为主工具栏或标准工具栏（如图 1-11 所示）。

在默认情况下，工具栏是单列的。用户可以将鼠标光标悬停在工具栏的左侧边界上，当鼠标光标转换为"双向箭头"时，将边界向左拖曳，此时工具栏将逐渐变宽，其中的工具也会重新排列。

下面介绍一下部分工具的作用。

（1）选择工具（快捷键为 V）：用于选择对象。对任何对象进行处理时，首先要选中它，然后才能对其他对象进行操作。要选中多个对象,只需用选择工具在这些对象的外部单击一下(进行定位),然后拖动鼠标拉出一个能包含所有对象的方框,最后松开鼠标,这时所有对象都会被选中了。

↑ 图 1-11

(2)部分选择工具(节点选择工具)(快捷键为 A) ：此工具能显示选定对象的所有节点,还可以通过拖动操作来改变每个节点的位置,从而改变整个对象的外观。节点选择工具主要用来做什么? 它主要是用来精确设置对象外形的。使用此工具时,所有对象全部转化成路径,每条路径包含起点与终点两个路径点(称为路径的"节点"),调整这两个节点的位置就可以调整整个路径的外观。部分选择工具常常与下面提到的钢笔工具协同使用,通过使用钢笔工具增加节点、清除节点的功能,可以勾勒出复杂的工作路径。

(3)直线工具(快捷键为 N) ：用于绘制直线。

(4)套索工具(快捷键为 L) ：主要用来选择具有复杂轮廓的对象,使用方法是先用此工具定下起始点,然后大致沿轮廓画线,最后与起始点重合形成封闭路径,从而选中此范围内的对象。

(5)钢笔工具(快捷键为 P) ：它通过增加或减少节点来精确控制路径的外形。

(6)文本工具(快捷键为 T) ：用此工具给对象添加文字信息。

(7)椭圆工具(快捷键为 O) ：用于绘制圆、椭圆等图形。按住 Shift 键可以画出正圆形。

(8)矩形工具(快捷键为 R) ：用于绘制方形、正方形。结合选项的设置,可以画出倒角方形图案,如图 1-12 和图 1-13 所示。

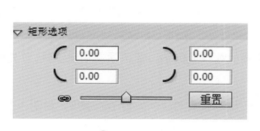

↑ 图 1-12

↑ 图 1-13

(9)铅笔工具(快捷键为 P) ：可用它自由绘制曲线或直线。

(10)笔刷工具(快捷键为 B) ：既然是"刷子",它起着涂刷的作用。它有多个涂刷模式,列举如下。

① 标准涂刷模式:在选定区域用新的颜色进行覆盖。

② 填充涂刷模式:可以分为填充区域与轮廓区域,填充涂刷只对填充区域起作用,而保留原图像的轮廓,如图 1-14 所示。

③ 后面涂刷模式:用此工具涂刷出的图像将处在已有对象的后面,如图 1-15 所示。

④ 所选区域涂刷模式:涂刷只针对所选区域,所选区域外的部分不能进行涂刷。

⑤ 内部填充模式:根据起点位置的不同,填充形式也不同。如果起点在某个对象外(即内部应该是空白区域),那么对于该对象来说,起点不是内部,所以该对象会遮挡经过它的涂刷部分,如图 1-16 所示。反之,如果起点在某个对象内,那么涂刷只会作用于该对象内部,如图 1-17 所示。

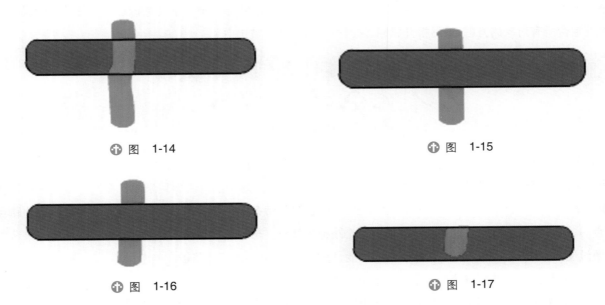

⬆ 图　1-14　　　　　　　　　　　　　　　⬆ 图　1-15

⬆ 图　1-16　　　　　　　　　　　　　　　⬆ 图　1-17

笔刷工具还有涂刷样式 ，与笔刷大小，两个选项，分别用来决定笔刷的大小与用什么样式的笔刷进行涂刷。

（11）墨水瓶工具（快捷键为 S）：本工具用来给对象的边框上色。

（12）颜料桶工具（快捷键为 K）：对图像进行填色，根据选项的不同可以采取多种填充方式。

① 不封闭空隙：不封闭的区域不能进行填充。

② 不封闭小空隙：间隙较小的不封闭区域也可进行填充。

③ 不封闭中空隙：允许较大的空隙进行填充。

④ 不封闭大空隙：允许更大的空隙进行填充。

（13）滴管工具（快捷键为 I）：用来进行颜色取样，使用方法非常简单，只需用滴管单击一下欲取的颜色就行了，也可以选取位图图片上的色彩。

（14）橡皮工具（快捷键为 E）：用来擦除一些不需要的线条或区域。要灵活使用此工具，首先就得掌握其多个擦除模式。

① 一般擦除：凡橡皮工具经过的地方内容都被清除。当然，不是当前层的内容不能清除。如图 1-18 所示。

② 填色擦除：只擦除填色区域内的信息，非填色区域（如边框）则不能擦除，如图 1-19 所示。

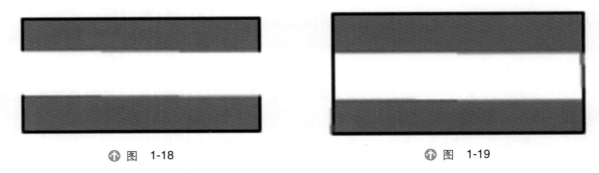

⬆ 图　1-18　　　　　　　　　　　　　　　⬆ 图　1-19

③ 线段擦除：专门用来擦除对象的边框与轮廓，如图 1-20 所示。

④ 擦除指定填充色：清除选定区域内的填充色，如图 1-21 所示。

⑤ 擦除内部：擦除情况跟起始点相关，如果起始点在某个物体外，如空白区域，那么这个"内部"则是空白

区域内部,这时进行的擦除不能抹掉物体的相关信息;如果起始点在物体内,那么这个"内部"则是物体内部,这时可以擦除该物体的相关信息,而不能作用于外部区域。如图 1-22 就是起点在物体内部的擦除情况。

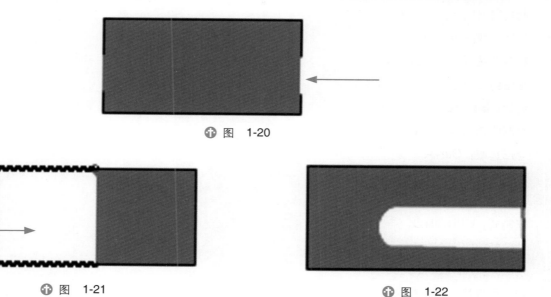

⊕ 图　1-20

选定区域

⊕ 图　1-21　　　　　　　　　　　　　　⊕ 图　1-22

(15) 任意变形工具（快捷键为 Q）▦：有时为了对绘制的文本或者图形进行大小、倾斜和扭曲的变形操作,需要使用任意变形工具。也可以通过单击"任意变形工具"按钮完成工作。

(16) 渐变变形工具（快捷键为 F）▦：单击绘制好的放射状渐变图形,会出现带有编辑手柄的环形边框,可对图形进行修改。下面简述手柄的名称和作用。

① 焦点手柄：改变放射状渐变的焦点。

② 中心手柄：更改渐变的中心点及填充高光区的位置。

③ 大小手柄：可调整渐变的大小。

④ 旋转手柄：可调整渐变的方向和角度。

⑤ 宽度手柄：可调整渐变的宽度。

2．Flash 其他常用功能快捷键

新建 Flash 文件：Ctrl+N

打开 FLA 文件：Ctrl+O

作为库打开：Ctrl+Shift+O

关闭：Ctrl+W

保存：Ctrl+S

另存为：Ctrl+Shift+S

导入：Ctrl+R

导出影片：Ctrl+Shift+Alt+S

发布设置：Ctrl+Shift+F12

发布预览：Ctrl+F12

发布：Alt+Shift+F12

打印：Ctrl+P

退出 Flash：Ctrl+Q

撤销命令：Ctrl+Z

剪切到剪贴板：Ctrl+X

复制到剪贴板：Ctrl+C

粘贴剪贴板内容：Ctrl+V

粘贴到当前位置：Ctrl+Shift+V

清除：Backspace

复制所选内容：Ctrl+D

全部选取：Ctrl+A

取消全选：Ctrl+Shift+A

剪切帧：Ctrl+Alt+X

复制帧：Ctrl+Alt+C

粘贴帧：Ctrl+Alt+V

清除帧：Alt+Backspace

选择所有帧：Ctrl+Alt+A

显示 / 隐藏时间轴：Ctrl+Alt+T

显示 / 隐藏工作区以外部分：Ctrl+Shift+W

显示 / 隐藏标尺：Ctrl+Shift+Alt+R

显示 / 隐藏网格：Ctrl+'

对齐网格：Ctrl+Shift+'

编辑网络：Ctrl+Alt+G

显示 / 隐藏辅助线：Ctrl+;

锁定辅助线：Ctrl+Alt+;

对齐辅助线：Ctrl+Shift+;

编辑辅助线：Ctrl+Shift+Alt+G

显示形状提示：Ctrl+Alt+H

显示 / 隐藏边缘：Ctrl+H

显示 / 隐藏面板：F4

转换为元件：F8

新建元件：Ctrl+F8

新建空白帧：F5

新建关键帧：F6

新建空白关键帧：F7

组合：Ctrl+G

打散分离对象：Ctrl+B

播放 / 停止动画：Enter

测试影片：Ctrl+Enter

1.3.4 Flash 的图层、舞台与场景

1. 图层

在大部分图像处理软件中都引入了图层（Layer）的概念。灵活地掌握与使用图层，不但能轻松制作出各种特殊效果，还可以大大提高工作效率。可以说，对图层技术的掌握，无论是 Flash 还是其他图形处理软件，都是软件学习的必经之路。

那么，什么才是图层呢？一个图层，犹如一张透明的赛璐珞片，上面可以绘制任何事物或书写任何文字，所有的图层叠合在一起，就组成了一幅完整的画。

提示：图层有两大特点。除了有图形或文字的地方，其他部分都是透明的，也就是说，下层的内容可以通过透明的这部分显示出来；图层又是相对独立的，修改其中一个图层，不会影响到其他图层。

上面对图层的理解不仅适合于 Flash，对其他图形处理软件，如 Photoshop、PaintShop、Fireworks 等都是相通的。

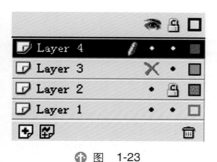

❶ 图 1-23

（1）图层的状态

在 Flash 中，图层有 4 种状态，如图 1-23 所示，各个图标的作用如下。

：表明此图层处于活动状态，可以对该图层进行各种操作。

：表明此图层处于隐藏状态，即在编辑时是看不见的，同时，处于隐藏状态的图层不能进行任何修改。这就告诉我们一个小技巧，当要对某个图层进行修改又不想被其他图层的内容干扰时，可以先将其他图层隐藏起来。

：表明此图层处于锁定状态，被锁定的图层无法进行任何操作。在 Flash 动画制作过程中，大家应该养成个好习惯，凡是完成一个图层的制作后就立刻把它锁定，以免因误操作而带来麻烦。

：表明此图层处于边缘线模式。处于边缘线模式的图层，其上面的所有图形只能显示轮廓。请注意，其他图层都是实心的方块，只有此图层是边缘线模式。

边缘线模式只能显示图形轮廓的功能，它有什么作用呢？当我们在进行多图层的编辑时，特别是要对几个图层中的对象进行比较准确的定位时，边缘线模式就非常有用了，因为我们可以仅仅凭轮廓的分布来准确地判断它们的相对位置。

（2）图层的基本操作

① 新建一个图层

每次打开一个新文件时就会有一个默认的图层"Layer 1"（图层 1），如图 1-24 所示。

要新建一个图层，只需用单击"图层"面板左下角的"新建图层"按钮，或者选择"插入"→"图层"命令，这时，在原来图层上会出现一个新图层"Layer 2"（图层 2），如图 1-25 所示。

② 给图层改名

用鼠标双击某个图层就可以对其进行改名了，如图 1-26 所示。

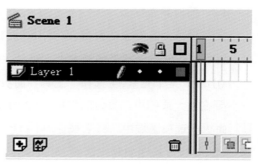

❶ 图 1-24

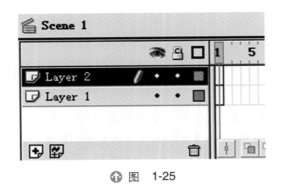

⊕ 图　1-25

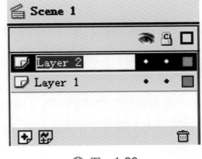

⊕ 图　1-26

③ 选择某个图层或多个图层

用鼠标单击一个图层就选定了该图层；在工作区域选中一个物体，按住 Shift 键，再选择其他层的物体，就可以选择多个图层。

④ 复制某个图层

先选中要复制的图层，再调用"编辑"→"拷贝所有帧"命令，然后创建一个新层，调用"编辑"→"粘贴"命令就可以了。

⑤ 改变图层的顺序

我们已经知道，上面图层的内容会遮盖下面图层的内容，下面图层中的内容只能通过上面图层透明的部分显示出来，因此，常常会有重新调整图层排列顺序的操作。要改变图层的顺序非常简单，用鼠标拖动该层，然后向上或向下拖到合适的位置并释放该层就可以了。

（3）图层的属性

随便选中某个图层，右击，在弹出的菜单中选择"属性"命令，在打开的面板中，有图层名称、是否锁定、图层类型、外框颜色、是否为外框模式等属性。图层类型中除了普通图层，还有导引图层与遮罩图层两种。相对应这两种图层，还有被导引的图层和被遮罩的图层。

对导引图层与遮罩图层的说明，将在后面的实例中详述。

2．舞台

舞台是在创建 Flash 文档时放置图形内容的矩形区域，是观众可以看到的镜头内的范围，所有的"演员"与所有的"情节"，都在这个舞台上进行。

Flash 创作环境中的舞台相当于 Macromedia Flash Player 或 Web 浏览器窗口中在播放期间显示具体内容的矩形空间。可以在工作时放大和缩小以更改舞台的视图显示效果。

（1）缩放舞台视图

要在屏幕上查看整个舞台，或要以高缩放比率查看绘图的特定区域，可以更改缩放比例。最大的缩放比例取决于显示器的分辨率和文档的大小。舞台上的最小缩小比例为 8%。舞台上的最大放大比例为 2000%。

① 放大某个元素，可选择"工具"面板中的"缩放"工具，然后单击该元素。

要在放大或缩小工具之间切换，可以分别选择"放大"或"缩小"工具（当"缩放"工具处于选中状态时位于"工具"面板的选项区域中），或者按住 Alt 键单击"放大"或"缩小"工具进行切换。

② 要放大绘图的特定区域，可以使用缩放工具在舞台上拖出一个矩形选取框。Flash 可以设置缩放比率，从而使指定的矩形区域填满窗口。

③ 要放大或缩小整个舞台，可以选择"视图"下拉菜单中的"放大"或"缩小"命令。

④ 要设置特定的放大或缩小百分比,可以选择"视图"→"缩放比率"命令,然后从子菜单中选择一个百分比,或者从时间轴右上角的"缩放"控件中选择一个百分比。要缩放舞台以完全适合应用程序窗口,可以选择"视图"→"缩放比率"→"符合窗口大小"命令。

⑤ 要显示当前帧的内容,可以选择"视图"→"缩放比率"→"显示全部"命令,或从应用程序窗口右上角的"缩放"控件中选择"显示全部"。如果场景为空,则会显示整个舞台。

⑥ 显示整个舞台,可以选择"视图"→"缩放比率"→"显示帧"命令,或从时间轴面板右上角的"缩放"控件中选择"显示帧"。

⑦ 要显示围绕舞台的工作区,可以选择"视图"→"工作区"命令。工作区以淡灰色显示。使用"工作区"命令可以查看场景中部分或全部超出舞台区域的元素。例如,要使飞船飞入画面中,可以先将飞船放置在工作区中舞台之外的位置,然后以动画形式使飞船进入舞台区域。

(2) 移动舞台视图

放大了舞台以后,可能无法看到整个舞台。可在"工具"面板中选择手形工具拖动舞台,从而可以移动舞台。

要临时在其他工具和手形工具之间切换,可以按住 SpaceBar 键,并在"工具"面板中单击要选择的工具。

(3) 改变舞台属性

改变舞台属性,如图 1-27 所示。部分选项作用如下。

❶ 图 1-27

① 帧频:每秒播放的帧数,Flash CS4 之前的版本默认为每秒播放 12 帧(一拍二),之后的版本默认为每秒播放 24 帧(一拍一)。

② 尺寸:设置场景的大小,由 Width(宽)与 Height(高)决定。

③ 匹配:由作品的用途决定,如果作品主要用于打印,可以单击"打印"按钮;如果只进行显示,则不需进行修改。

④ 背景颜色:背景的颜色目前只能设置为单色。

3. 场景

场景也有大小、色彩等方面的设置。跟多幕剧一样,场景也可以不止一个,多个场景可以集合在一起并按它们在"场景"面板上排列的先后顺序进行播放。

(1) 添加一个新场景

有两种办法,第一种方法是通过"场景"面板中的"添加"按钮来完成;第二种方法是用"插入"→"场景”命令进行添加。

（2）清除某个场景

也有两种办法：一种是通过"场景"面板中的"清除"按钮完成；另一种办法是用菜单中的"插入"→"清除场景"命令来清除。

（3）为场景改名

在"窗口"下拉菜单中选择相应的"场景"，然后在弹出的"场景"中双击，并进行修改，如图 1-28 所示。

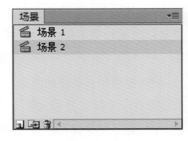

⬆ 图　1-28

1.3.5　Flash 对文件操作的支持

1．导出文件

Flash 允许将用户设计和制作的动画导出为多种文件格式，包括 SWF 动画（Flash 动画的标准格式）、包含动画的网页、GIF 图像、JPGE 图像、PNG 图像、Windows 可执行程序和 Macintosh 可执行程序等，这些文件几乎可以在所有计算机平台中播放。

2．创建 Flash 文件

在了解了 Flash 的工作区界面和基本功能后，下面介绍 Flash 文件的类型，以及如何创建 Flash 文件、设置 Flash 文件的基本属性。

（1）Flash 文件的类型

Flash 不仅是一种动画设计与制作的软件，还是一个灵活而强大的应用程序开发平台。在 Flash 中，支持用户创建以下几种文件。

① Flash 源文件

Flash 允许用户创建扩展名为 FLA 的基于 ActionScript 2.0 或 3.0 版本的 Flash 源文件。虽然这两种源文件的文件扩展名完全相同，但在编辑这两种源文件时，所使用的脚本语言不同，发布这两种源文件时所使用的发布设置也不同。

② 基于 AIR 的 Flash 源文件

除了创建基于 ActionScript 2.0 或 3.0 版本的 FLA 文件外，Flash CS4 在安装时默认安装 AIR 1.1 版本。因此，用户也可以使用 Flash CS4 创建基于 AIR 1.1 版本的 FLA 源文件。

基于 AIR 技术的 FLA 源文件与 FLA 源文件的区别是可以使用仅限 AIR 技术可用的一些 ActionScript 类和属性，同时可以发布扩展名为 AIR 或 AIRI 的跨平台的 RIA 程序。

提示：AIR 目前较新的版本为 1.5.2。用户可以到 Adobe 官方网站上下载基于 Flash 的 AIR 套件的最新版本。然后，即可使用 Flash 创建最新的 AIR 应用程序。

③ 基于移动设备的 Flash 源文件

如果用户在安装 Flash 时选择了安装 Device Central 软件（一种虚拟机，可以模拟手机等移动设备的 Flash 播放器），则可以使用 Flash 创建基于移动设备的 Flash 源文件，同时也可以将源文件发布，然后用 Device Central 进行调试。

④ 幻灯片或表单应用程序

Flash 也可以创建基于 ActionScript 2.0 版本的幻灯片动画或者 Flash 表单应用程序，这两种文件的扩展名也是 FLA。

⑤ ActionScript 文件

Flash 允许用户创建在影片源文件外部的 ActionScript 文件，并将代码打包后存放到这类文件中。ActionScript 文件的扩展名是 AS。

将动作脚本代码写到 ActionScript 文件内的好处是可以方便地为多个 Flash 文件使用同一段脚本，从而提高脚本代码的通用性。

ActionScript 文件不区分脚本语言的版本，既可支持 ActionScript 2.0，也可以支持 ActionScript 3.0。

⑥ ActionScript 通信文件

在为 Flash Media Server（Flash 流媒体）进行开发时，需要将服务器端的脚本写到扩展名为 ASC 的 ActionScript 通信文件中。ASC 文件与 AS 文件类似，也可以重复地调用。

⑦ Flash JavaScript 文件

Flash 既允许用户使用 ActionScript 开发复杂的 Flash 应用程序，也允许用户使用 JavaScript 开发一些简单的小程序，并将代码写入到 JSFL 文件中。

使用 JavaScript 编写的 JSFL 文件同样也可以在多个 Flash 应用程序中重复使用。

⑧ Flash 项目

Flash 从 CS3 版本开始模仿 Visual Studio，允许用户为某一个开发工程建立 Flash 文件，将工程所需的各种文件路径集合到项目文件中，以便于集中修改。Flash 项目文件的扩展名为 FLP。

（2）创建 Flash 源文件

使用 Flash CS4 或更高的版本时，用户可以方便地创建基于 ActionScript 3.0 的 Flash 音频源文件，并设置源文件的各种属性。

在 Flash 中，执行"文件"→"新建"命令，打开"新建文档"对话框，在对话框的"类型"列表框内选择"Flash 文件（ActionScript 3.0）"选项，单击"确定"按钮，如图 1-29 所示。

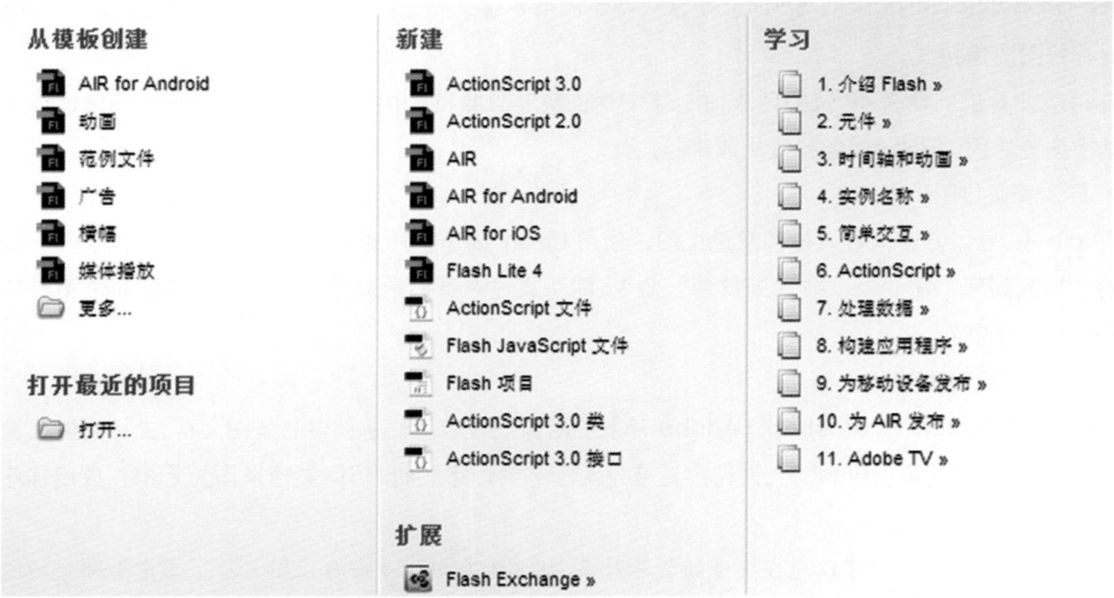

从模板创建

- AIR for Android
- 动画
- 范例文件
- 广告
- 横幅
- 媒体播放
- 更多...

打开最近的项目

- 打开...

新建

- ActionScript 3.0
- ActionScript 2.0
- AIR
- AIR for Android
- AIR for iOS
- Flash Lite 4
- ActionScript 文件
- Flash JavaScript 文件
- Flash 项目
- ActionScript 3.0 类
- ActionScript 3.0 接口

扩展

- Flash Exchange »

学习

- 1. 介绍 Flash »
- 2. 元件 »
- 3. 时间轴和动画 »
- 4. 实例名称 »
- 5. 简单交互 »
- 6. ActionScript »
- 7. 处理数据 »
- 8. 构建应用程序 »
- 9. 为移动设备发布 »
- 10. 为 AIR 发布 »
- 11. Adobe TV »

图 1-29

3. 导入素材

Flash 作为 Adobe 公司创意套件的重要组件之一，可以与 Adobe 创作套件中的其他套件完美地结合。使用 Flash，可以方便地导入各种 Adobe 创作套件创建的素材文档。

（1）Flash 支持的普通位图

虽然 Flash 是一种矢量动画制作软件，但其可以方便地导入位图图像，并将位图图像应用到动画和应用程序中。这些位图图像如下。

① BMP/DIB 图像

BMP（Bitmap，位图）和 DIB（Device Independent Bitmap，设备无关联位图）是 Windows 操作系统中普遍应用的无压缩位图图像。

由于 BMP/DIB 格式图像属于无压缩位图图像，表现相同内容时，比大多数图像的容量要大得多。为了避免大容量的图像影响动画播放率效率，Flash 将自动把 BMP/DIB 格式图像进行压缩。

② GIF 图像

GIF（Graphics Interchange Format，图形交换格式）是一种支持 256 色、多帧动画以及 Alpha 通道（透明）的压缩图像格式。

在表现图像方面，GIF 格式所占磁盘空间最小，但效果也几乎是最差的。Flash 可以方便地导入 GIF 格式图像。如果导入的 GIF 图像包含动画，则 Flash 还可以编辑动画的各个帧。

③ JPEG/JPE/JPG 图像

JPEG（Joint photographic Experts Group，联合图像专家组）格式是目前互联网中应用最广泛的位图有损压缩图像格式，其扩展名主要包括 JPEG、JPE 和 JPG 这 3 种。JPEG 格式的图像支持按照图像的保真品质进行压缩，共分 11 个等级。通常可保证图像较好的清晰度并占用适当磁盘空间，级别可以分为 8 级（即 Flash 中的品质 80）。

④ PNG 图像

PNG（Portable Network Grapgics，便携式网络图形）是一种无损压缩的位图格式，也是目前 Adobe 推荐使用的一种位图图像格式。

其支持最低 8 位到最高 48 位的色彩，并支持 16 位灰度图像和 Alpha 通道（透明通道），压缩比往往比 GIF 还大。基于这些原因，PNG 图像的应用越来越广泛。

（2）导入普通位图

在 Flash 中，可以方便地导入各种常见位图。使用 Flash 创建影片源文件后，再执行"文件"→"导入"菜单项中的"导入到库"命令或"导入到舞台"命令，即可通过在弹出的对话框中的设置将普通位图或其他素材导入到 Flash 影片中。

（3）导入 PSD 位图素材文档

PSD 文档是 Adobe Photoshop（Adobe 开发的图像处理软件）所创建的位图文档，支持内嵌矢量的智能对象，支持图层和各种滤镜。Flash 允许用户直接导入已经制作完成的 PSD 文档来作为 Flash 应用程序的皮肤或 Flash 影片的元件。

注意：虽然 PSD 文档中可以内嵌矢量的智能对象，但其本身仍然是一种位图文档。其中大部分的图像均是以点阵的形式存在的。Photoshop 本身也是一种位图处理软件。

在 Flash 中创建新的 Flash 源文件，然后执行"文件"→"导入"→"导入到库"命令，在弹出的"导入"对话框中选择相应的文件，并单击"打开"按钮。在弹出的"将 PSD 文件导入到库"对话框中，用户可以浏览

PSD 文件中的所有图层、图层编组等内容。除此之外,用户还可以将 PSD 文件中的各种图层或图层编组合并,或者将其转换为元件。

按住 Shift 键后,用户可以连续选择列表中的图层或图层编组,如图 1-30 所示。

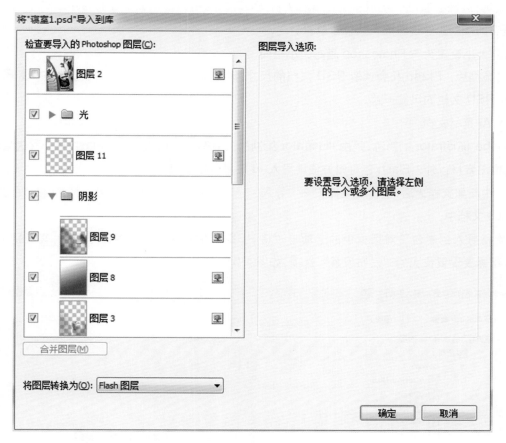

图　1-30

"将 PSD 文件导入到库"对话框中的各种设置项目如下。

① 将此图像图层导入

设置选项中的图层形式。启用"具有可编辑样式的位图图像"单选按钮,将把图层的 Photoshop 样式转换为 Flash 样式。而启用"拼合的位图图像"单选按钮,则会把图层与图层样式合并为位图。

② 为此图层创建影片剪辑

启用该复选框后,可以将图层转换为影片剪辑元件,并设置影片剪辑元件的名称和注册点坐标。

③ 发布设置

在该下拉列表中,用户可以设置导入的图层图像格式,包括无损(PNG 格式)和有损(JPEG 格式)两种。"有损"格式还可以设置导入 JPEG 格式的发布"品质"选项。

提示:Flash 中的 JPEG 品质就是 JPEG 图像的保真品质,其中最佳的是 100,最差是 0。通常 80 是一个折中的品质,既可以保留尚可的图像清晰度,又可以获得比较小的文件。

④ 合并图层

当选中多个图层或图层编组后,可以单击"合并图层"按钮,将这些图层或图层编组转换为同一个位图。

⑤ 将图层转换为

在该下拉列表中,可以设置将选中的图层转换为 Flash 图层或关键帧。

⑥ 将图层置于原始位置

启用该复选框,则会将各个图层中的图像按照在 PSD 文档中的位置放置在舞台中。如不选择该复选框,Flash 会将所有的图层图像按照随机的位置放置。

⑦ 将舞台大小设置为与 Photoshop 画布大小相同

启用该复选框后,Flash 将会读取 PSD 文档的尺寸,然后将该尺寸应用到影片源文件中,使 Flash 影片源文件的尺寸与 PSD 文档的尺寸一致。

(4)导入 AI 素材文档

AI 是 Adobe Illustrator 的简称,是由 Illustrator 绘制的矢量图形文档的格式。Flash 是一种矢量动画制作软件,除了导入位图素材以外,Flash 还可以方便地导入 AI 矢量图形素材。

在 Flash 中新建文档之后,执行"文件"→"导入"→"导入到库"命令,即可选择 AI 格式的矢量素材,将其导入到 Flash 文档中。

"将 AI 素材导入到舞台"对话框中的选项与"将 PSD 文件导入到库"对话框类似,其区别是 AI 素材是矢量的,所以不需要设置位图的"发布设置"选项,如图 1-31 所示。

⊕ 图   1-31

AI 文档与 PSD 文档有一定的区别。例如,在 PSD 文档中,图层是处理各种图像的基本单位。然而在 AI 文档中,绘制对象才是处理各种图形的基本单位。一个 PSD 文档通常包含许多图层;而一个 AI 文档则通常只有很少的图层,在其图层中包含各种线条、填充等对象。

思考与练习

一、讨论与思考

1. 谈谈你对 Flash 在影视动画创作上前景的分析。

2. 谈谈 Flash 动画表现的风格。

二、作业与练习

熟悉 Flash 面板布局,能够初步掌握 Flash 的基本设置。

第 2 章
Flash数字绘图技法实战

2.1　Flash 矢量工具使用技法

　　位图和矢量图是计算机图形中的两大概念,这两种图形都被广泛应用到出版、印刷、互联网等各个方面,它们各有优缺点,两者各自的好处几乎是无法相互替代的,所以长久以来,矢量跟位图在应用中一直是平分秋色。

　　从图 2-1 中我们很容易可以看出位图和矢量图的区别。位图(bitmap)也叫作点阵图、栅格图像、像素图,就是最小单位由像素构成的图,放大后会失真。构成位图的最小单位是像素,位图就是由像素阵列的排列来实现其显示效果的,每个像素有它自己的颜色信息,在对位图图像进行编辑操作的时候,操作的对象是像素,我们可以改变图像的色相、饱和度、明度,从而改变图像的显示效果。

（a）矢量图放大后的效果

（b）位图放大后的效果

⬆ 图　2-1

　　矢量图(vector),也叫作向量图(图 2-2,《被单骑士》场景设计(鲍懋、范祖荣)),是缩放后不失真的图像格式。矢量图是通过多个对象的组合后生成的,对其中的每一个对象的记录方式,都是以数学函数来实现的,也就是说,矢量图实际上并不是像位图那样记录画面上每一点的信息,而是记录了元素形状及颜色的算法,当你打开一幅矢量图的时候,软件对图形对应的函数进行运算。举例来说,矢量图就好比画在质量非常好的橡胶膜上的图,不管对橡胶膜进行怎样的成倍拉伸,画面依然清晰,不管你离得多么近去看,也不会看到图形的最小单位。

☆ 图　2-2

位图的优点是,色彩变化丰富,编辑时可以改变任何形状的区域色彩的显示效果,相应的,要实现的效果越复杂,需要的像素数越多,图像文件的大小和体积就越大。矢量的优点是,轮廓的形状更容易修改和控制,但是对于单独的对象,色彩上变化的实现不如位图方便、直接。另外,支持矢量格式的应用程序也远远没有支持位图的多,很多矢量图形都需要专门设计的程序才能打开进行浏览或编辑。

矢量图与位图都可以互相转化,但是位图转化为矢量图却并不简单,往往需要比较复杂的运算和手工调节。矢量和位图在应用上也是可以相互结合的,比如在矢量文件中嵌入位图可以实现特别的效果,再比如在三维影像中用矢量建模和位图贴图可以实现逼真的视觉效果(图 2-3)等。

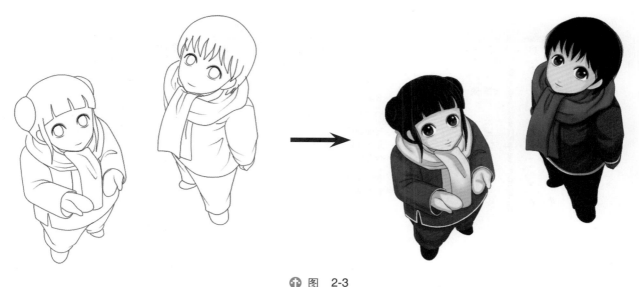

☆ 图　2-3

在 Flash 中可以将位图转换为矢量图,首先需要将位图导入场景或库。如图 2-4 所示,选择"文件"→"导入"→"导入到库"命令。

要修改选择的位图,选择"修改"→"位图"→"转换位图为矢量图"命令,如图 2-5 所示。

选择完毕,将会弹出"转换位图为矢量图"对话框,如图 2-6 所示,其中,"颜色阈值"、"最小区域"这两项参数越小,则生成的矢量图精度越高,占用的系统资源也就越大,如图 2-7 和图 2-8 所示。

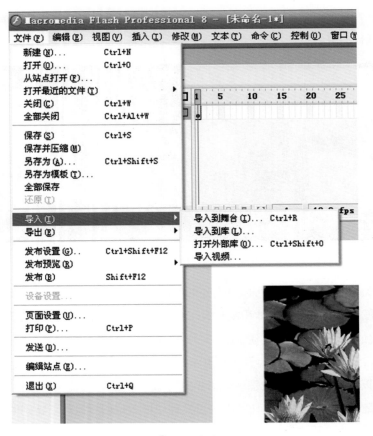

⬆ 图 2-4

⬆ 图 2-5

这两个数值越小，转换精度越高

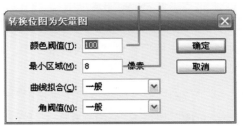

⬆ 图 2-6

（a）转换前的位图　　　　　　　　　　　　　　（b）转换后的矢量图

↑ 图　2-7

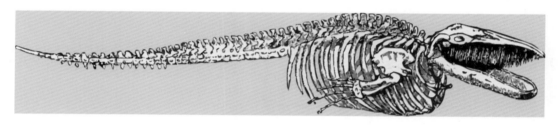

↑ 图　2-8

2.2　Flash 矢量图形的线形工具与面形工具

　　在 Flash 工具面板中的绘图工具都是矢量绘图工具。从功能上来区别可以分为两大类：线形工具（线条）和面形工具（填充）。对于初学者来说，从这条思路学习绘画工具会更加易于理解，如图 2-9 所示。

　　典型的线形工具包括：直线工具、钢笔工具、铅笔工具，专门对应线形工具并加以修改的是墨水瓶工具，如图 2-10 所示。

　　典型的面形工具包括：笔刷工具（可以使用压感笔），专门对应面形工具并加以修改的是油漆桶（颜料桶）工具。

　　与其他的矢量软件一样，Flash 图形分为"线"和"面"两个大类。这也是各个矢量软件互相转换格式的基础。在 Flash 中"线"和"面"有着各自不同的属性和修改工具。这里需要注意的是："线"可以转化为"面"，"面"是不可以转化为"线"的。

　　墨水瓶和颜料桶，分别是线形工具和面形工具的调色板，虽然它们的结构几乎一致。但是不能互相通用。墨水瓶只能修改线形而不能修改面形，反之亦然。下面就这两大类工具来介绍 Flash 的造型方法。

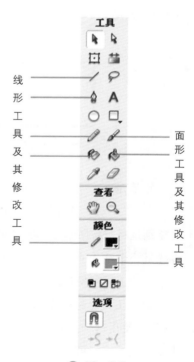

↑ 图　2-9

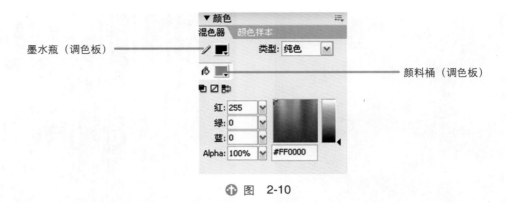

墨水瓶（调色板）

颜料桶（调色板）

⊕ 图 2-10

2.2.1 线形造型工具

几种线形造型工具如图 2-11 所示。

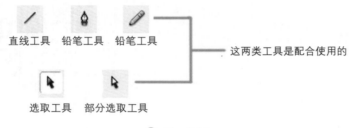

直线工具　铅笔工具　铅笔工具

这两类工具是配合使用的

选取工具　部分选取工具

⊕ 图 2-11

往往初学者在学习矢量软件造型的时候，都会重视直线、钢笔等造型工具，而对修改工具（在 Flash 中，"选择工具"、"部分选取工具" 是重要的修改工具）则相对忽视。其实，修改工具的造型功能是动画造型中的最常用功能，如图 2-12 所示为利用 "选择工具" 修改矩形外形。

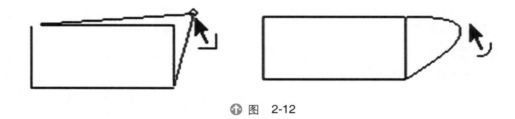

⊕ 图 2-12

铅笔是一个常用的线条工具，它有三种不同的优化状态（伸直、平滑、墨水），如图 2-13 所示，产生的效果各不相同。"平滑" 功能可以将鼠标所描绘的线条平滑化；"伸直" 功能可以将鼠标所描绘的线条拉直；"墨水" 功能则是将鼠标所描绘的线条忠实记录，基本不做任何修改。铅笔工具也是 Flash 中常用的重要造型工具之一。直线是一个常用的线条工具，使用起来非常简单。但很多初学者对这个工具并不在意，据调查，绝大多数 "闪客" 最常用的工具就是它。直线工具配合选择工具，是很多 Flash 动画创作时的最常用工具组合形式。

钢笔工具无论是图标还是使用方法，都和 Photoshop 里的钢笔工具很相像，它可以通过路径和节点控制图形，不过使用这个工具的人并不多。当使用钢笔工具绘画时，单击可以在直线段上创建点，单击和拖动可以在曲线段上创建点。可以通过调整线条上的点来调整直线段和曲线段，如图 2-14 和图 2-15 所示。

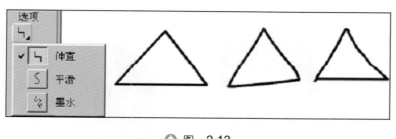

⬆ 图　2-13

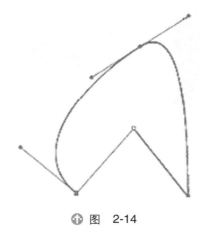

⬆ 图　2-14

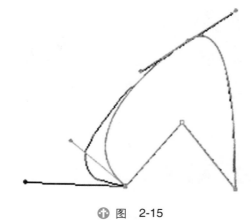

⬆ 图　2-15

"部分选择工具"经常和钢笔工具配合使用,"部分选择工具"通过移动锚记点可以调整直线段的长度或角度,或曲线段的斜率。也可以用来给钢笔所描绘的路径增加节点。Flash 中钢笔工具的用法与 Photoshop 中的钢笔工具较为类似,如图 2-16 和图 2-17 所示。

⬆ 图2-16　全部使用直线工具造型的角色

要改变线条或轮廓的形状,可以使用"选择工具"拖动线条上的任意部位,则指针会发生变化。如果重定位的点是终点,则可以延长或缩短该线条;如果重定位的点是转角,则组成转角的线段在它们变长或缩短时仍保持伸直。当转角出现在指针附近时,可以更改最终的节点;当曲线出现在指针附近时,可以调整曲线。

⬆ 图2-17　Flash卡通角色人物造型设定系列

2.2.1　面造型工具

　　刷子工具是一种典型的面造型工具，它所描绘的只可能是面形而不是线条。刷子工具能绘制出画笔般的笔触，就像用油画笔和水粉笔一样。在使用刷子工具涂色时，可以使用颜料桶所调色彩，也可以用导入的位图作为填充。

　　"刷子工具"有一个非常有意思的特性，用功能键可以选择刷子的大小和形状。对于新笔触来说，刷子大小在更改舞台的缩放比率级别时也保持不变，所以当舞台缩放比率降低时同一个刷子大小就会显得太大。例如，假设将舞台缩放比率设置为100%，并使用刷子工具以最小的笔触大小涂色，然后将缩放比率更改为50%并用最小的刷子再画一次，绘制的新笔触就比以前的笔触显得粗50%。刷子工具是Flash中唯一对应压感笔的工具。

　　《八千代》（见图2-18和图2-19）这部制作手法异常简单（只用一种软件——Flash，只用一种工具——笔刷工具）却有着很多常规的毕业片"范式"——青春、戏谑、玩世不恭、轻狂、恶俗、叛逆。与很多的毕业短片不太一样的是，《八千代》不是简单狂躁的发泄，而是一个仿佛预演多遍的故事有节奏、有逻辑地展开。作者除完整地完成全套动作之外，还不忘留下一个动人的故事和对现实无情地挖苦，充满矛盾却自成体系。

⬆ 图2-18　《八千代》（史悲，2012年）

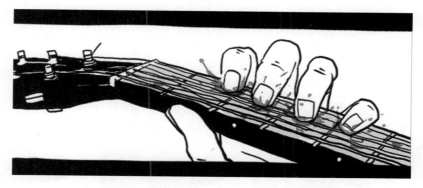

⬆ 图2-19 该片基本使用Flash笔刷造型工具绘制

2.2.2 合并绘制模式与对象绘制模式

1．合并绘制模式

默认绘制模式重叠绘制形状时会自动进行合并。当绘制在同一图层中互相重叠的形状时,最顶层的形状会截去在其下面与其重叠的形状部分,因此绘制形状是一种破坏性的绘制模式。

如图 2-20 所示,如果绘制一个圆形并在其上方叠加一个较小的圆形,然后选择这个较小的圆形并进行移动,则会删除第一个圆形中与第二个圆形重叠的部分。当形状既包含笔触又包含填充时,这些元素会被视为可以进行独立选择和移动的单独的图形元素。

2．对象绘制模式

如图 2-21 所示,创建称为绘制对象的形状。绘制对象是在叠加时不会自动合并在一起的单独的图形对象。这样在分离或重新排列形状的外观时,会使形状重叠而不会改变它们的外观。 Flash 将每个形状创建为单独的对象,可以分别进行处理。当绘画工具处于对象绘制模式时,使用该工具创建的形状为自包含形状。形状的笔触和填充不是单独的元素,并且重叠的形状也不会相互更改。选择用"对象绘制"模式创建形状时, Flash 会在形状周围添加矩形边框来标识它。

⬆ 图 2-20

⬆ 图 2-21

当在合并绘制模式下绘制与另一条直线或已涂色形状交叉的直线时,重叠直线会在交叉点处分成多条线段。若要分别选择、移动每条线段并改变其形状,可以使用选取工具。一个填充;一条线段穿过的填充;分割形成的三条线段,如图 2-22 所示。

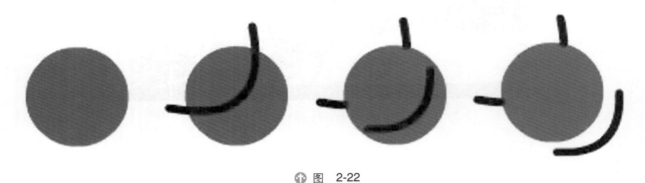

图 2-22

2.3 Flash 课程案例——角色实例解析

案例一 课堂作业——《Q 版角色造型设计》(作者:金宽)

步骤 1:起稿(图 2-23 和图 2-24)。设计动画人物角色,首先要在纸上用铅笔起草稿,完成角色设计草图,用扫描仪录入计算机。假如有条件,也可以考虑使用计算机手绘数位仪,最终生成位图之后导入 Flash 中。在 Flash 中新建两个图层。一个放置位图;另一个用直线工具描边,完成图形的矢量化。

图 2-23

图 2-24

步骤 2：描线并加厚边缘（图 2-25 和图 2-26）。为了使最终的线条更生动并有粗细变化，在描好边的外层再描一次边。让线条有一定的厚度。另外也便于下一步为线条填色。当加厚完成之后填充黑色，使线条顿挫分明、有层次感。这一步可以使用选取工具和橡皮擦工具对图形进行修改和补充。

　图　2-25

　图　2-26

步骤 3：完成全身造型并上色（图 2-27 和图 2-28）。

　图　2-27

　图　2-28

衣服也是用同样的步骤。这时候线稿全部描边完毕，完成细节调整后，用油漆桶工具给人物角色上色。

给人物加上阴影和衣服的纹理。用线条工具画到要填充颜色的位置，在颜色混色器里选取颜色，把色差拉开，完成明暗立体效果，如图 2-29 所示。

⬆ 图　2-29

案例二　课堂作业——《Pink rabbit 造型设计》（作者：宋朝）

　　相对于上一个实例而言，这个造型的风格显得更为直观、简练，整体线条干练、基本靠直线和几何形状来完成，如图 2-30 所示。

⬆ 图　2-30

步骤 1：简单地画出人物的头部轮廓。从头部开始造型，以椭圆为基准形添加五官、饰物等。整个造型基本使用直线和几何形来架构，如图 2-31 所示。

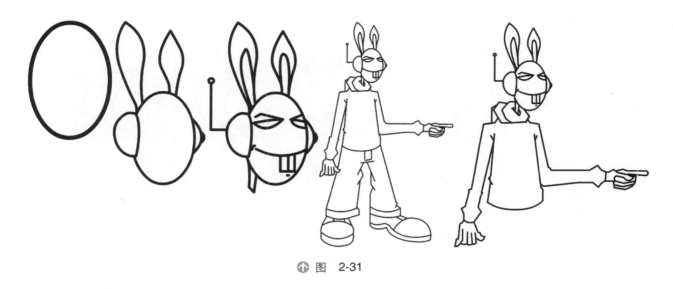

↑ 图　2-31

步骤 2：完成角色全身轮廓、完成线稿上色。画出人物上半身的大致轮廓，接着画出下半身并完成人物的整体轮廓。在制作过程中，可以配合使用铅笔工具、直线工具、钢笔工具、椭圆工具和矩形工具。注意线条之间的闭合与穿插关系，这将直接牵涉到随后的上色过程。具体刻画人物时，先完成线稿，并上色。再对人物的具体造型加以修饰，并加强对细节的刻画，从而完成人物造型，如图 2-32 所示。

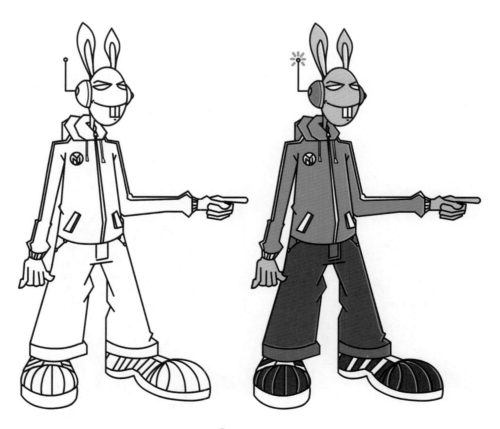

↑ 图　2-32

案例三　课堂作业——《小和尚》中的角色造型设计（作者：张冠男）

这个作品整个画面简洁明快，卡通味十足。作者使用了不多的笔墨，生动地刻画了人物形象，用色明快、疏密得当，如图 2-33 所示。

↑ 图　2-33

案例四　角色造型设计——《巨冢》、《奇语》（作者：高雷）

高雷的 Flash 动画与其他同学不同，很大程度得益于他的造型方法。从角色到场景再到道具，所有画面元素都是使用笔刷工具并用鼠标完成。虽然很少借助手绘工具，但画面有一定的手绘感，Flash 动画的"电脑味"淡化了许多，如图 2-34 和图 2-35 所示。

↑ 图2-34　《巨冢》人物造型设定系列

（a）　　　　　　　　　　　　　　　　　　　（b）

↑ 图2-35　《奇语》人物造型设定系列

作为动画学院的传统,动画课程结束后必须有一个总结性的作业。Flash 动画短片的创作几乎接触了动画创作的整个流程,前期剧本创意、人物设定、分镜头剧本,等等。而作为课程作业,学生必须独立完成整部短片。因此个人在有限时间、有限条件下确定短片的创作模式成为大家探索的重点。在个人创作的前提下,必须找到一个突破口、一条线索。而美术风格则是《奇语》这部短片的创作突破点,作者从这个出发点创作设计了一系列个人风格显著的角色。

案例五　造型习惯动作图——《迟来的礼物》（管淘玉,见图 2-36）

点评（略）。

↑ 图　2-36

案例六　多软件协同综合案例——《红领巾侠》（李夏,图 2-37,参考了 Animetaste 网站中的访谈）

初稿:原画动态草稿,使用 Flash 板刷绘制,如图 2-38 和图 2-39 所示。作者对 Flash 线条的修形与表现力并不满意。

修形稿:用钢笔工具最终修完的矢量线可能会让人觉得不自然。所以最后叠加了两层线。上层的线为半透明,下层的线加了一些高斯模糊,这样出来的效果就会显得不那么僵硬。

还可以把底色当作遮罩层,用渐变工具控制整体的明暗关系。最终在整体基础上加了炫光来控制整体的色调,如图 2-40 ~图 2-42 所示。

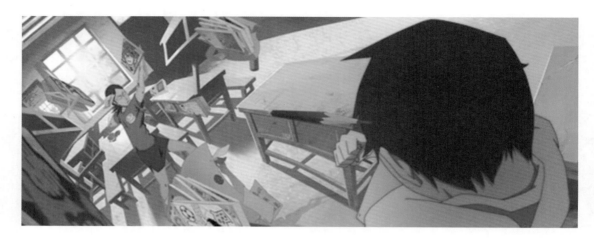

✤ 图 2-37

✤ 图 2-38   ✤ 图 2-39

底色加渐变（整片叠底）

线阴影底色合成

✤ 图 2-40

⬆ 图　2-41

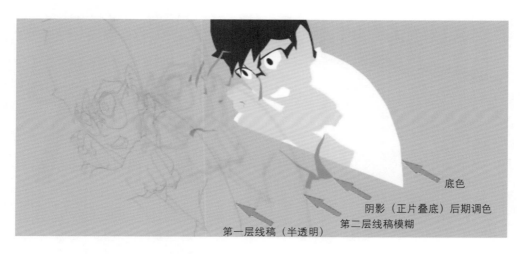

底色

阴影（正片叠底）后期调色

第二层线稿模糊

第一层线稿（半透明）

⬆ 图　2-42

2.4　Flash 课程案例——场景实例解析

案例一　室内场景设计——二维动画《妈妈的晚餐》（作者：胡双）

该案例使用 Photoshop 绘制，并使用 After Effect 制作光效。

步骤 1：根据前期搜集的素材，在纸上手绘草稿，按照分镜头明确光的来源和画面的构图，如图 2-43 所示。

步骤 2：确立了构图之后，用 Photoshop 中的钢笔工具拉出硬边缘，并分好物品的前后关系，对前景和后景做简单区分，然后上大颜色，如图 2-44 所示。

步骤 3：给物品添加固有色及光，并统一光源。在 Photoshop 中分出一个图层，专门增加光感，透明度不能过大，50 左右即可，否则会影响效果，用 Photoshop 中的"镜头模糊"滤镜把前景处理得模糊些，半径设为 20 左右，以拉开物体的前后关系，如图 2-45 所示。

⬆ 图　2-43

⬆ 图　2-44

⬆ 图　2-45

　　步骤 4：最后加上光影效果，首先做影子所在的图层，之后的光感在 After Effect 中运用 Shine 插件制作，这里要注意合成时只有一个图层使用特效，另外一个图层用原始合成效果，滤镜效果层在上面，即得到最终效果，如图 2-46 所示。

● 图　2-46

案例二　课堂作业——《呈坎小巷》场景的设计（作者：曾渊）

该案例使用铅笔工具手绘线稿，并进行上色与特效处理。这是一幅完整的线稿，可以使用手绘板直接进行上色（图 2-47）。

步骤 1：打开 sai 绘画软件，单击"文件→打开"命令，将底稿导入到 sai 软件中，如图 2-47 所示。

步骤 2：用 sai 软件里面的水彩笔对图形上色，画的时候图层要分开，即做分层处理，以方便以后的修改。

刚开始的时候先大面积地上色，分出明暗。因为 sai 软件可以方便地修改图层的透明度关系，所以画底稿的时候可以适当大胆，稍微重了点也没有多大的问题，如图 2-48 所示。

步骤 3：开始逐步地描绘细节部分，要注意画不同的物体时最好使用不同的图层。

在给大面积灰部或者暗部上色的时候，可以把水彩笔的混色和水分量调高。相反在描绘亮部的时候，可以把混色和水分量调低，以增加色彩的纯度。还可以选择用各种笔触来增加物体的肌理效果，如图 2-49 所示。

● 图　2-47　　　　　　　● 图　2-48　　　　　　　● 图　2-49

步骤 4：作品初步完成后，考虑到动画场景可能会根据不同的时间使用不同的灯光效果，所以可以最后增加光效。在"图层"面板顶端新建一个最上方的图层，用来制造"黄昏"的效果，如图 2-50 和图 2-51 所示。

⬆ 图 2-50

⬆ 图 2-51

案例三 课堂作业——场景设计（作者：沃璐璐）

步骤 1：参照素材，用铅笔在 A3 的纸上勾出自己所要绘制的线条，随后将完成的线稿扫描进计算机中，如图 2-52 所示。

⬆ 图 2-52

步骤 2：打开 Photoshop，将线稿导入并作为背景层，然后将其锁定。新建几个组，分别命名为"前排房屋"、"后排房屋"、"路面"，然后在各个"组"下方新建图层，并做分层处理，以方便以后人物在中间的运动。

步骤 3：完成分层后，使用画笔工具依次进行填色。这里需要注意的是，填色的区域必须在自己所建立的图层里面。如果发现线稿不是很完整，在填色的时候还可以进行调整。这样就完成了最初的填色，如图 2-53 所示。

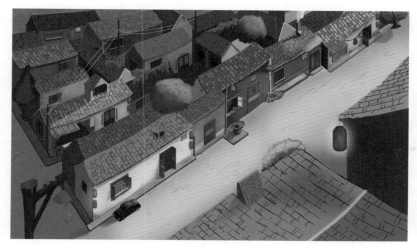

⊕ 图　2-53

接下来是让画面有雪景。新建一个组,取名为"雪景"。在"组"下面新建图层,并绘制雪,如图 2-54 所示。

步骤 4:最后就是制造光效。新建一个图层组,取名为"光",随后再新建图层。然后用画笔工具画出光的效果,一层为黄光。将图层的正常模式改为"叠加",然后再进行细微的调整,最终效果就形成了,如图 2-55 所示。

⊕ 图　2-54

⊕ 图　2-55

案例四　平时作业——《寝室一角》（作者：张乐天）

首先拍摄一张寝室一角的素材照片作为参考，如图 2-56 所示。

步骤 1：新建一个 Flash 文件，把这张背景图片拖入软件中，单独放一图层中，作为背景，然后锁定这个图层，防止误操作影响到这个供参考的背景图层。

把前景的电扇和后景的寝室地面分开制作，这样便于完成后导入到 Photoshop 中做光效处理。运用"线条工具"以先前的图片素材为背景描出电扇的轮廓，按住 Ctrl 键可增加线条的顶点，以方便造型。

步骤 2：在线条绘制结束后，使用"颜料桶工具"对电扇进行填色，这里需要注意的是，填色的区域必须是封闭空间。

这样就完成了电扇部分的绘制，如图 2-57 所示。

⊕ 图　2-56

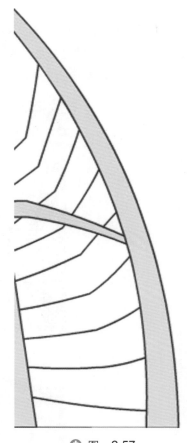

⊕ 图　2-57

步骤 3：接着绘制地面部分，同样勾出物体的轮廓线。再对一些区域进行填色，如图 2-58 和图 2-59 所示。

接下来选择"文件"→"导出"→"导出图像"命令，分别导出这两个图层中的图片，图片格式选择 PNG，这样可以保持通道，让空白部分透明。把两张图片拖入 Photoshop。找一张地砖的材质贴图作为地面，放到最下面的图层中。使用 Photoshop 中的笔刷工具画出阴影，要调节好笔刷和笔刷透明度。

步骤 4：新建图层，画出光的效果。光效主要分为两层，一层为黄光，一层为洋红光，图层的叠加模式为"强光"。再进行各处的微调后，最终的效果就形成了，如图 2-60 和图 2-61 所示。

⬆ 图 2-58

⬆ 图 2-59

⬆ 图 2-60

⬆ 图 2-61

案例五　室外场景设计 1——《妈妈的晚餐》（作者：胡双）

本案例除静态场景外，更设计了光线的运动。

步骤 1：搜集树的资料，如图 2-62 所示，在 Photoshop 中绘制树，并且要分层绘制，树干、树叶各占一层。

给树干加上一层真实的树皮，叠在树皮的图层上，然后新建图层并命名为"光"，就是给树加上一些光感，同时加上树枝的小图层，如图 2-63 和图 2-64 所示。

🔴 图　2-63

🔴 图　2-62

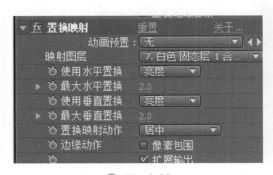

🔴 图　2-64

步骤 2：在 AE 中导入 PS 文件，调节效果，制作光和树叶的运动。新建固态层，添加分形噪波效果在 0 帧处给演变 0 度打 key，在 5s 处给 200 打 key，然后把该层预合成并隐藏。

给叶子层添加置换映射的效果，映射图层为刚才新建的固态层"白色 固态层 1 合成"，然后将水平置换和垂直置换参数修改为亮度，数值为 2，如图 2-65 和图 2-66 所示。在光所在的层添加置换映射的效果，映射图层为刚才新建的固态层"固态层 1 合成"。

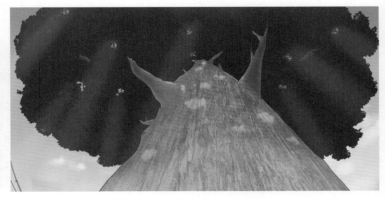

🔴 图　2-65

🔴 图　2-66

观察完成后的效果,会发现树叶和光的运动都比较自然了。

案例六 室外场景设计 2——《妈妈的晚餐》(作者:胡双)

本案例除静态场景外,更设计了景物与光线的运动。

步骤 1:分层制作知了的翅膀,翅膀细节要做得丰富一些,如图 2-67 所示。

⬆ 图 2-67

背景制作除了要注意树的纹理以外,同时还要注意阴影的刻画,此处用了真实的树皮来做一层纹理效果,如图 2-68 ~ 图 2-70 所示。

⬆ 图 2-68

⬆ 图 2-69

⬆ 图 2-70

步骤 2：制作前景，区分前后关系，拉开空间。制作知了翅膀扇动的效果，先给翅膀分好层，制定旋转关键帧，然后调节动作，之后再给翅膀加上"快速模糊"，使用水平模糊，模糊量为 7，如图 2-71 所示。

步骤 3：制作光的运动。设定树上的阳光，增加光的效果，整体调整色调，使画面柔和，如图 2-72 所示。

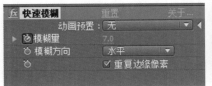

⬆ 图 2-71

⬆ 图 2-72

案例七 场景光影的渲染——《大头旺》（作者：金宽）

如图 2-73 所示，《大头旺》整部短片全部用到了光影的效果，这样可以使画面颜色更加丰富生动。

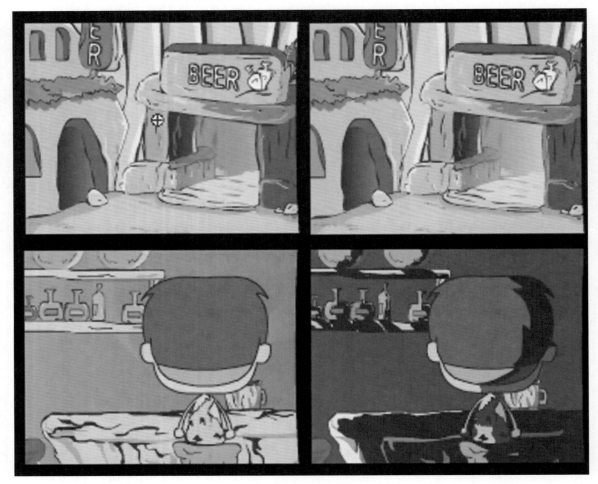

⬆ 图 2-73

步骤 1：先把酒吧内部场景内容确定下来，然后再新建层并在上面画影子。这样的方法在整部片子后面的很多场景中用到。当都画好以后，在它们上面新建一个层，命名为"灯光"，然后选择刷子工具，画出灯光的范围。

步骤 2：范围确定之后，打开颜色混色器，调整 Alpha（不透明度）值和相关属性，如图 2-74 所示。

步骤 3：要制作出闪烁的效果。按 F6 键在时间轴上插入关键帧，可以隔一个关键帧插入一个空白关键帧，然后通过混色器调节新关键帧里面灯光的颜色。更改 3 ~ 4 个关键帧的颜色。这样一段酒吧灯光闪烁的画面就出来了，如图 2-75 所示。

<table>
<tr><td>⊕ 图　2-74</td><td>⊕ 图　2-75</td></tr>
</table>

需要注意的是，影子和灯光也得随着画面的变化而变化，所以有时候需要设置关键帧来调整灯光或影子的位置。不同灯光和影子可以通过调节透明度的值使之叠加起来。

每部 Flash 动画都应该具有自己的风格，这样才能使人印象深刻，作品才显得形象生动。以《大头旺》这部短片来讲，因为作者主题定在石器时代，所以整部片子的画面需要给人一种比较远古的感觉。

怎么来营造古老、自然的效果呢？为了让画面看上去更舒服，在这里使用了为整部动画添加纹理的方法，如图 2-76 为加上纹理效果前后的对比，如图 2-77 所示为对场景纹理效果的渲染。从图中可以看到加了纹理效果后可以使画面更接近手绘风格。怎么样让画面达到这个效果呢？

原理：只需要在整个图层的最上面加上一张石头纹理的位图，然后降低图片的透明度。使这张图轻轻地覆盖在动画上，让整个动画具有纹理效果，这有点类似 Photoshop 里的图层叠加。

步骤 1：在网上先找到一张具有石头纹理的图片素材，如图 2-78 所示。如果找不到，可以在 Photoshop 里用滤镜制作具有这类风格纹理的图片。

步骤 2：将图片导入到 Flash 中，按 Ctrl+F8 组合键把图片转换为元件，元件命名为"纹理"。

步骤 3：在所有图层的上面新建一个图层，图层命名为"旧效果"，把纹理元件拖到旧效果图层里，如图 2-79 所示。

（a）未加效果前 　　　　　　　　　　　　　（b）加效果后

💠 图 2-76

💠 图 2-77

💠 图 2-78

💠 图 2-79

步骤 4：单击纹理元件，在"属性"面板中把 Alpha 值（也就是透明度）调到 23%，如图 2-80 所示。可以根据自己的作品画面调整到满意的值就行了。然后把旧效果图层上锁，这样方便对选区的操作。可以尝试着用不同的纹理图片看看，可以让自己作品的个性充分体现。

● 图　2-80

思考与练习

一、讨论与思考

Flash 与 Photoshop 等其他软件的配合技法结合点在哪里?

二、作业与练习

配合使用 Flash 与 Photoshop,绘制"寝室一角"。

第3章
Flash动画的基本运动规律
与特殊运动规律

3.1 Flash 的两种基本补间动画

3.1.1 Flash 动画的基本要素

1. 时间轴

时间轴是 Flash 的重要组成部分,在 Flash 动画制作过程中的许多功能都要通过时间轴来体现。

时间轴用于组织和控制在一定时间内播放的图层数和帧数。与胶片一样, Flash 文档也将时长分为帧。在时间轴的上面有一个红色的线,用于定位播放头,拖动播放头可以观察动画,这在动画制作当中是很重要的步骤,如图 3-1 所示。

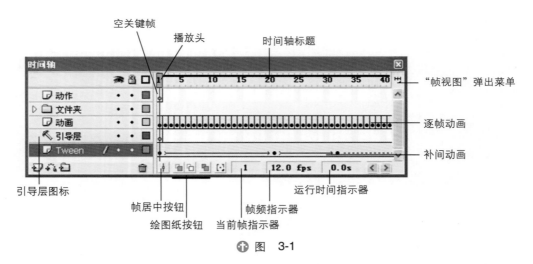

⬆ 图 3-1

如图 3-2 所示,文档中的图层列在时间轴左侧的列中。每个图层中包含的帧显示在该图层名右侧的一行中。时间轴顶部的时间轴标题指示帧编号。播放头指示当前在舞台中显示的帧。播放 Flash 文档时,播放头从左向右通过时间轴。时间轴状态显示在时间轴的底部,它指示所选的帧编号、当前帧频以及到当前帧为止的运行时间。时间轴状态显示在时间轴的底部,它指示所选的帧编号、当前帧频以及到当前帧为止的运行时间。在播放动画时,将显示实际的帧频;如果计算机性能不能足够快地计算和显示动画,则该帧频可能与文档的帧频设置不一致。

默认情况下,时间轴显示在主应用程序窗口的顶部,在舞台之上。要更改其位置,可以将时间轴停放在主应用程序窗口的底部或任意一侧,或在单独的窗口中显示时间轴,也可以隐藏时间轴。可以调整时间轴的大小,从而更改可以显示的图层数和帧数。如果有许多图层无法在时间轴中全部显示出来,则可以通过使用时间轴右侧的滚动条来查看其他的图层,如图 3-3 所示。

⬆ 图　3-2

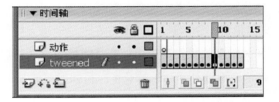

⬆ 图　3-3

文档播放时,播放头在时间轴上移动,指示当前显示在舞台中的帧。时间轴标题显示动画的帧编号。要在舞台上显示帧,可以将播放头移动到时间轴中该帧的位置。如果正在处理大量的帧,而这些帧无法一次全部显示在时间轴上,则可以将播放头沿着时间轴移动,从而轻松地显示特定帧。

转到指定帧的操作方法:单击该帧在时间轴标题中的位置,或将播放头拖到所需的位置。

在 Flash 中可以更改时间轴中帧显示的模式,一共有五种模式:很小、小、标准、中等、大。还可以向帧序列添加颜色以加亮显示它们,也可以在时间轴中包括帧内容的缩略图预览,这些缩略图是动画的概况。如图 3-4 所示表示更改时间轴中的帧显示。

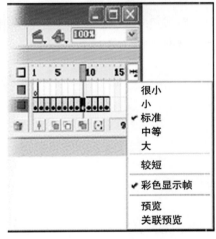

⬆ 图　3-4

操作方法为:单击时间轴右上角的"帧视图",显示"帧视图"弹出菜单。选择以下选项。

- 更改帧单元格的宽度,选择"很小"、"小"、"标准"、"中"或"大"("大"帧宽度设置对于查看声音波形的详细情况很有用)。

- 减小帧单元格行的高度,选择"短"。打开或关闭彩色显示帧的顺序,选择"彩色显示帧"。

- 显示每个帧的内容缩略图(其缩放比率适合时间轴帧的大小),可选择"预览"。这可能导致内容的外观及大小发生变化。

- 显示每个完整帧(包括空白空间)的缩略图,可以选择"关联预览"。如果要查看元素在动画期间在它们的帧中的移动方式,此选项非常有用,但是这些预览通常比用"预览"选项生成的缩略图小。

2. 帧和关键帧

Flash 动画和其他动画形式一样,是由"帧"来组成的。帧是创作 Flash 动画的最基本的单位,每一部 Flash 动画都是由很多个帧构成的,在时间轴上的每一帧都可以包含需要显示的所有内容,包括图形、声音、各种素材和其他多种对象。

(1)关键帧:人为控制和设定,用来定义动画变化、更改状态的帧,即编辑舞台上存在实例对象并可对其进行编辑的帧。

(2)补间:由计算机根据关键帧自动生成。在时间轴上能显示实例对象,但不能人为地对实例对象进行编辑操作的帧。

（3）Flash 的帧频：帧频是动画播放的速度，以每秒播放的帧数为度量值。帧频太慢会使动画看起来一顿一顿的，帧频太快会使动画的细节变得模糊，并且使得动画的体积增大，动画制作的工作量加大。Flash 动画的帧频默认是 12 帧（fps）。因为在网络上，每秒 12 帧（fps）的帧频通常会得到比较好的效果。

电影标准的运动图像速率是 24fps；我国所采用的 PAL 制式电视的帧频是 25fps。动画的复杂程度和播放动画的计算机速度影响回放的流畅程度。可以在各种计算机上测试动画，以便确定最佳帧频。因为只给整个 Flash 文档指定一个帧频，因此最好在创建动画之前设置帧频。

帧和关键帧的操作与应用：在时间轴中，可以对帧和关键帧进行一系列的处理和操作，可以通过在时间轴中拖动关键帧来更改补间动画的长度。可以对帧或关键帧进行多种修改。

3. 图层

图层就像堆叠在一起的多张幻灯胶片一样，在舞台上一层层地向上叠加。每个图层都包含一个显示在舞台中的不同图像。图层可以分层绘制和编辑对象，而不会影响其他图层上的对象。如果一个图层上没有内容，那么就可以透过它看到下面的图层。要绘制、上色或者对图层或文件夹进行修改，需要在时间轴中选择该图层以激活它。时间轴中图层或文件夹名称旁边的铅笔图标表示该图层或文件夹处于活动状态。一次只能有一个图层处于活动状态，如图 3-5 所示。

图 3-5

当创建了一个新的 Flash 文档之后，它仅包含一个图层。可以添加更多的图层，以便在文档中组织插图、动画和其他元素。可以创建的图层数只受计算机内存的限制，而且图层不会增加发布的 SWF 文件的大小。只有放入图层的对象才会增加文件的大小。可以隐藏、锁定或重新排列图层。还可以通过创建图层文件夹并将图层放入其中来组织和管理这些图层。可以在时间轴中展开或折叠图层文件夹，而不会影响在舞台中看到的内容。对声音文件、帧标签和帧注释分别使用不同的图层或文件夹是个很好的方法,这有助于在需要编辑这些项目时快速地找到所需要的内容,如图 3-6 所示为《被单骑士》场景分层图。

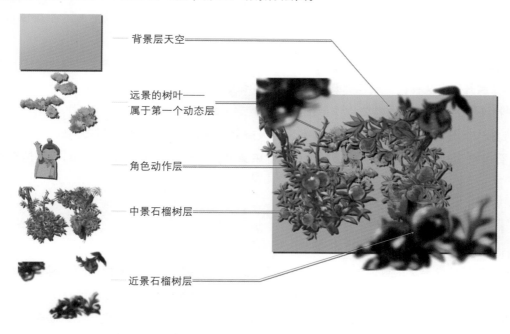

背景层天空

远景的树叶——
属于第一个动态层

角色动作层

中景石榴树层

近景石榴树层

✿ 图 3-6

另外,Flash 中除了一般图层之外,还有两种特殊的图层效果——引导层、遮罩层。使用引导层可以使动画运动轨迹效果变得更加丰富,而使用遮罩层可以创建复杂的各类特效。

(1)创建图层的操作方法

① 单击时间轴底部的"插入图层"按钮。

② 选择"插入"→"时间轴"→"图层"命令。

③ 右击时间轴中的一个图层名称,从上下文菜单中选择"插入图层"命令。

创建图层文件夹的方法如下。

在时间轴中选择一个图层或文件夹,然后选择"插入"→"时间轴"→"图层文件夹"命令。

● 单击时间轴中的图层名称,可以选择整个图层。

● 选择"编辑"→"时间轴"→"复制帧"命令。

● 单击"添加图层"按钮可以创建新图层。

● 单击该新图层,然后选择"编辑"→"时间轴"→"粘贴帧"命令。

(2)删除图层或文件夹的操作方法

● 单击时间轴中的"删除图层"按钮,或将图层或文件夹拖到"删除图层"按钮。

● 右击该图层或文件夹的名称，然后从上下文菜单中选择"删除图层"命令。

（3）更改图层或文件夹顺序的操作方法

将时间轴中一个或多个图层操作或文件夹拖动到时间轴中其他图层上方或下方的相应位置，展开或折叠文件夹。

展开或折叠所有文件夹的操作方法：右击（Windows），或按住 Control 键单击 （Macintosh），然后从上下文菜单中选择"展开所有文件夹"或"折叠所有文件夹"命令。

Flash 中特殊层的创建与动画特效制作将在之后的章节中讲解。

该镜头在制作时分了很多的图层。置于最底层的天空背景、远处的石榴树叶、男孩的动作层、被男孩带动的树叶层、中景石榴树、近景石榴树等，模拟摄影机在树叶中穿梭的效果，营造镜头的推拉感，最终渲染气氛并润饰完成。

3.1.2 Flash 补间动画

Flash 补间动画能够最大限度地减小所生成的文件大小、减轻传统手绘动画中烦琐的补间制作工序、提高动画制作的效率。与逐帧动画不同，补间动画中的补间不是由作者一帧帧绘制的，而是由计算机自动生成的。

动画创作者只需要创建一段动画首尾的两个关键帧，而中间的补间则由计算机根据运动规律自动生成。所以，在补间中 Flash 只保存在帧之间更改的值。在补间动画中，在一个时间点定义一个实例、组或文本块的位置、大小和旋转等属性，然后在另一个时间点改变那些属性。也可以沿着路径应用补间动画。

1．Flash 中最基本的三种动画

三种动画分别为逐帧动画、形变动画和运动动画。

（1）逐帧动画：这是 Flash 动画最基本的形式，是通过更改每一个连续帧在编辑舞台上的内容来建立的动画。

逐帧动画的每一帧使用单独的画面，适合于每一帧中的图像都在更改而不是仅仅简单地在舞台中移动的复杂动画。对需要进行细微改变（比如头发飘动）的复杂动画是很理想的方式。

逐帧动画保存每一帧上的完整数据，补间动画只保存帧之间不同的数据，因此运用补间动画相对于帧帧动画可以减小文件的大小。

① 运动补间动画的定义及要求

运动补间动画的定义：它是在两个关键帧端点之间，通过改变舞台上实例的位置大小、旋转角度、色彩变化等属性，并由程序自动创建中间过程的运动变化而实现的动画。可以实现翻转、渐隐渐现等效果。

运动补间动画的要求：运动补间动画中的物体必须是群组物体。

② 形状补间动画的定义及要求

形状补间动画的定义：是在两个关键帧端点之间，通过改变基本图形的形状或色彩变化，并由程序自动创建中间过程的形状变化而实现的动画。可以实现一个图形变为另一个图形的效果。

形状补间动画的要求：形状补间动画中的物体必须不是群组物体。

（2）形状补间动画：这是在两个关键帧端点之间，通过改变基本图形的形状或色彩变化，并由程序自动创建中间过程的形状变化而实现的动画。

（3）运动补间动画：这是在两个关键帧端点之间，通过改变舞台上实例的位置、大小、旋转角度、色彩变化等

属性,并由程序自动创建中间过程的运动变化而实现的动画。

2. 时间轴中动画的表示方法

运动补间动画用起始关键帧处的一个黑色圆点指示;中间的补间帧有一个浅蓝色背景的黑色箭头。当以实线方式显示时,则表明该段动画制作无错误。如以虚线方式显示时,则表明动画制作有错误。

形状补间动画用起始关键帧处的一个黑色圆点指示;中间的帧有一个浅绿色背景的黑色箭头。当以实线方式显示时,则表明该段动画制作无错误;如以虚线方式显示时,则表明动画制作有错误。

虚线表示补间制作发生错误或不完整。

单个关键帧用一个黑色圆点表示。单个关键帧后面的浅灰色帧包含无变化的相同内容。

出现一个小 a，表明已利用"动作"面板为该帧分配了一个帧动作。

红色标记表明该帧包含一个标签或注释。

金色的锚记表明该帧是一个命名锚记。

3.2　Flash 补间动画操作实例

3.2.1　运动补间动画的操作实例

(1)首先需要在 Flash 中创建一个新文档。

① 选择"文件"→"新建"命令。

② 在"新建文档"对话框中,默认情况下已选中"Flash 文档"。单击"确定"按钮。在"属性"面板中,将当前舞台大小设置为 550 像素×400 像素,帧频为 12fps。

③ 将"背景颜色"样本设置为白色,如图 3-7 所示。

⊕ 图　3-7

(2)在舞台上绘制一个圆形。

① 从"工具"面板中选择"椭圆"工具。

② 从"线条颜色选取器"中选择"没有颜色"选项。

③ 从"填充颜色选取器"中选择一种自己喜欢的颜色。

④ 选择"椭圆"工具,在按住 Shift 键的同时在舞台上拖动,绘制一个正圆。按住 Shift 键能用"椭圆"工具绘制正圆。

（3）将圆形群组，如图 3-8 所示。

↑ 图 3-8

前面说过，运动补间动画中的物体必须是群组物体，而刚画好的圆是一个非群组物体，所以在做动画之前先要把它进行群组。

在 Flash 中可以将多个元素作为一个对象来处理，需要将它们组合。例如，创建了一个物体后（如圆形或方形），可以将该绘画的元素合成一组，这样就可以将该绘画当成一个整体来选择和移动。当选择某个组时，"属性"检查器会显示该组的 X 和 Y 坐标及其像素尺寸。可以对组进行编辑而不必取消其组合；还可以在组中选择单个对象进行编辑，不必取消对象组合。

① 选择下拉菜单中的"修改"→"群组"命令，或者使用组合键 Ctrl+G，将圆形群组，可以选择形状、其他组、元件、文本等。

② 如果要取消组合对象，选择"修改"→"取消组合"命令。

（4）制作圆形运动的补间效果。

① 将该圆拖动到舞台区域的左侧，如图 3-9 所示。

② 在时间轴中单击"图层 1"的第 20 帧。在时间轴选择"图层 1"的第 20 帧，如图 3-10 所示。

↑ 图 3-9

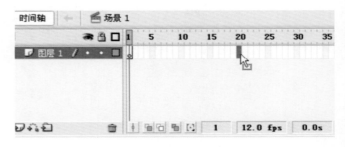

↑ 图 3-10

③ 在选中第 20 帧的情况下，选择"插入"→"时间轴"→"关键帧"命令。在第 20 帧中添加了一个关键帧，随后更改圆的位置，如图 3-11 所示。

④ 在时间轴上仍选中第 20 帧的情况下，将圆形拖动到紧挨着舞台区域的右侧。

⑤ 在 Flash 中，一段动画的属性是由其第一个关键帧来控制的。在时间轴中选择第 1 帧，在"属性"面板中从"补间"下拉列表中选择"动作"，如图 3-12 所示。

⬆ 图　3-11　　　　　　　　　　　　　　　　　　　　⬆ 图　3-12

在时间轴上的"图层 1"中的第 1 帧和第 20 帧之间出现一个箭头，说明这段动画已经制作完成了，如图 3-13 所示。

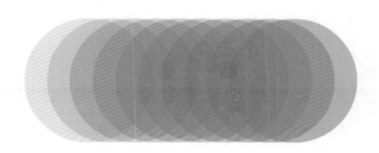

⬆ 图　3-13

（5）制作圆形运动补间的加速与减速效果。

动画完成以后，为了产生更逼真的效果，可以在创建的动画补间上应用缓动，也就是加速与减速功能。可以为使用缓动滑块创建的每个补间动画指定缓动值。

因为一段动画的属性是由第一个关键帧来控制的，所以，选择第一帧，拖动"缓动值"旁边的箭头或输入一个值，以调整补间帧之间的变化速率，如图 3-14 所示。

⬆ 图　3-14

① 假如需要加速的效果，向上拖动滑块或输入 -100 ～ -1 之间的一个负值。

② 假如需要减速的效果，向下拖动滑块或输入 1 ～ 100 之间的一个正值。

默认情况下，补间帧之间的变化速率是不变的。缓动可以通过逐渐调整变化速率创建更为自然的加速或减速效果。

（6）制作圆形的自定义缓入、缓出效果。

在运动补间动画中，还可以给物体制作忽上忽下的自定义缓入、缓出效果。自定义缓入、缓出对话框中会显示随时间推移动画发生变化的图形。帧由水平轴表示，变化的百分比由垂直轴表示。第一个关键帧表示为 0%，最后一个关键帧表示为 100%。对象的变化速率用曲线图的曲线斜率表示。曲线水平时（无斜率），变化速率为零；曲线垂直时，变化速率最大，并一瞬间完成变化。

下面介绍缓动补间（加减速）效果。

"缓动"是用于调整补间动画的加减速属性。如果使用"缓动"功能，则可以调整运动的加减速效果，从而实现更自然、更复杂的动画。

例如，在制作汽车经过舞台的动画时，如果让汽车从停止开始缓慢加速，然后在舞台的另一端缓慢停止，则动画会显得更逼真。如果不使用"缓动"功能，汽车将从停止状态立刻转变到全速状态，然后在舞台的另一端立刻停止。如果使用"缓动"功能，则可以对汽车应用一个补间动画，然后使该补间缓慢开始和停止，如图 3-15 所示。

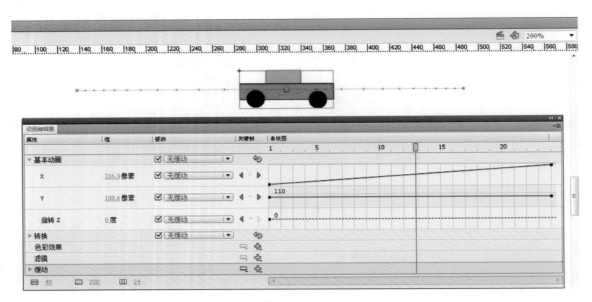

⬆ 图　3-15

"缓动"功能的常见用法之一是在舞台上编辑运动路径并启用浮动关键帧以使每段路径中的运行速度保持一致，然后可以使用"缓动"功能在路径的两端添加更为逼真的加速或减速效果。

操作步骤如下。

① 选中第一个关键帧。在帧"属性"面板中单击"缓动"滑块旁边的"编辑"按钮，会显示"自定义缓入、缓出"对话框。

② 默认情况下，"自定义缓入、缓出"对话框对所有属性使用一种设置。也可以取消选择"为所有属性使用一种设置"复选框，并在下拉列表中选择其中一个属性来显示该属性的曲线。启用复选框后，该菜单中显示的 5 个属性都会各自保持一条独立的曲线。在此菜单中选择一个属性，则会显示该属性对应的曲线，如图 3-16 所示。

（7）制作方形旋转运动补间效果。

运动补间动画的另一个功能是制作物体的旋转效果，因为正圆形旋转效果不明显，所以这次做一个长方形的旋转动画。

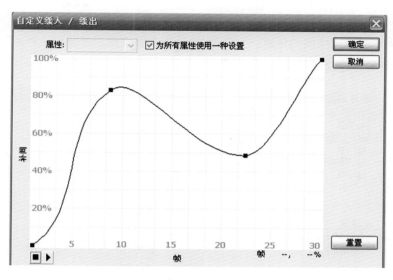

⊕ 图　3-16

要在动画补间时旋转所选的项目,可从"旋转"下拉列表中选择一个选项:

① 用矩形工具创建一个长方形并将其群组。

② 在时间轴中单击"图层 1"的第 20 帧并选择该帧,再将其转换为关键帧,如图 3-17 所示。

③ 在"属性"面板中的"旋转"下拉列表中,选择旋转的方向为"顺时针"(CW)或"逆时针"(CCW),并按指示旋转对象,随后输入一个数值,指定旋转的次数(旋转的次数必须为整数次),"属性"面板如图 3-18 所示,最终效果图 3-19 所示。

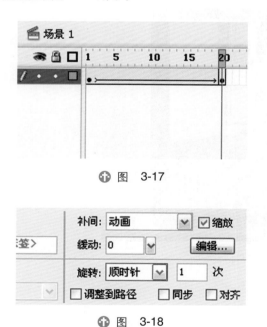

⊕ 图　3-17

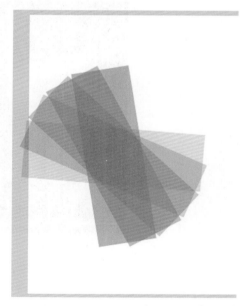

⊕ 图　3-18

⊕ 图　3-19

案例一　使用运动补间制作运动镜头

(1)建立图层。从库中将各个制作好的元件放入对应图层中。插入关键帧,单击遮罩层的第 13 帧,然后按住 Shift 键选中最下面的小楼图层的第 13 帧,它会自动选中一列帧,右击并选择"插入关键帧"命令。

(2)创建补间。在全部图层的第 30 帧都插入关键帧,用任意变形工具并按住 Shift 键将第 30 帧的图形等比例放大，再放在合适的位置（为了接下面一个向上升的镜头，建议将图像位置放得偏下一些，这样镜头连接更连贯），然后任意选中两个关键帧中间的任意一列灰色的帧，右击并选择"创建传统补间"命令。此时可以进行场景测试，控制并测试场景，如图 3-20 所示。

⬆ 图　3-20

（3）为了使效果更好，可以将第 30 帧上的"树叶动"稍向左上移动一下，将第 30 帧的"下层树叶"稍放大并向右下移动一下。这样推镜头运动时有层次感。

（4）同理，在第 90 帧处为各个图层插入关键帧，按住 Shift 键将图形下移到合适位置后，创建补间动画，然后测试场景。如果想要调节镜头运动的速度，可以直接调节属性选项中的"缓动"值，效果如图 3-21 所示。

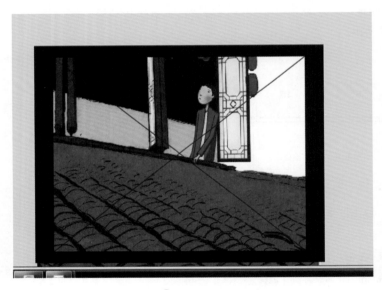

⬆ 图　3-21

3.2.2　形状补间动画的操作实例

用形状补间动画功能可以创建从一个形状到另一个形状的变形动画，具体包括形状的位置、大小、颜色和不透明度。一次补间一个形状通常可以获得最佳效果。如果一次补间多个形状，则所有的形状必须在同一个图层上。

要对文本应用形状补间，必须将文本分离两次，从而将文本转换为图形对象。

1．创建新文件并建立两个关键帧

（1）创建新文件，建立一段长度为 20 帧的动画，并将首尾两帧即第一帧和第二帧转换为关键帧，如图 3-22 所示。

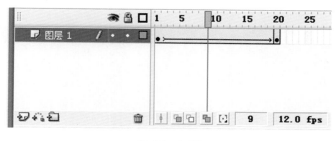

⬆ 图　3-22

（2）因为形状补间动画是从一个形状到另一个形状的变化，所以必须在首尾两个关键帧分别放置两个物体，在第一帧放置一个圆形，在第 20 帧放置一个方形，这样圆形会变为方形，如图 3-23 所示。

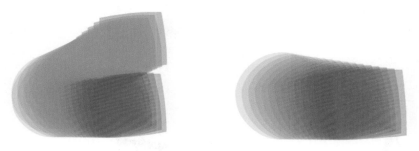

⬆ 图　3-23

2．创建动画

（1）运动补间动画中的物体必须是群组物体，但形状补间动画必须是非群组物体，所以不要把物体群组。假如是已经群组了的物体，应取消群组。

（2）选择这段动画中的第一个关键帧，在这里也是第一帧。在"属性"面板中选择"形状"。

3．使用形状提示实现复杂形状变化的控制

（1）选择补间形状序列中的第一个关键帧。选择"修改"→"形状"→"添加形状提示"命令。起始形状提示会在该形状的某处显示为一个带有字母 a 的圆圈，如图 3-24 所示。

（2）将形状提示移动到要标记的点上。选择补间序列中的最后一个关键帧。结束形状提示会在该形状的某处显示为一个带有字母 a 的圆圈。查看所有的形状提示，也可以删除形状提示。

⬆ 图　3-24

比如，要补间一张正在改变表情的脸部图画时，可以使用形状提示来标记每只眼睛，这样在形状发生变化时，脸部就不会乱成一团，每只眼睛还都可以辨认，并在转换过程中分别变化。

形状提示包含从 a 到 z 的字母，用于识别起始形状和结束形状中相对应的点。最多可以使用 26 个形状提示。

起始关键帧中的形状提示是黄色的,结束关键帧中的形状提示是绿色的。当不在一条曲线上时为红色。

要在补间形状时获得最佳效果,在复杂的补间形状中需要创建中间形状,然后再进行补间,而不要只定义起始和结束的形状。

3.3 Flash CS4 新增补间功能

3.3.1 补间动画

Flash CS4 的新补间动画的基本特征如下。

(1)只需要一个关键帧,不同于以往需要一头一尾两个关键帧。

(2)要求物体必须是库元件——影片剪辑、按钮、图形(具体内容下一节展开)与文字对象。

(3)补间动画自带路径轨迹功能,补间中的属性关键帧将显示为路径上的控制点。使用部分选取工具可公开路径上对应于每个位置属性关键帧的控制点和贝塞尔手柄,可使用这些手柄改变属性关键帧点周围的路径的形状。使用“选取”和“部分选取”工具可改变运动路径的形状。使用“选取”工具时,可通过拖动方式改变线段的形状,如图 3-25 所示。

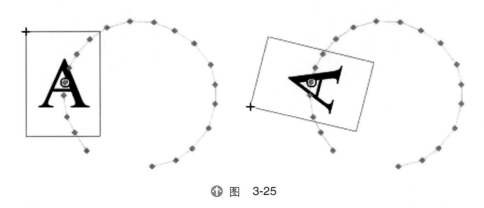

⬆ 图 3-25

在将补间应用于所有其他对象类型时,这些对象将包装在元件中。元件实例可包含嵌套元件,这些元件可在自己的时间轴上进行补间。

3.3.2 3D 旋转

Flash 通过在舞台的 3D 空间中移动和旋转影片剪辑来创建 3D 效果。Flash 通过在每个影片剪辑实例的属性中包括 Z 轴来表示 3D 空间。可以向影片剪辑实例添加 3D 透视效果,方法是通过使用 3D 平移工具使这些实例沿 X 轴移动或使用 3D 旋转工具使其围绕 X 轴或 Y 轴旋转。在 3D 术语中,在 3D 空间中移动一个对象称为平移,在 3D 空间中旋转一个对象称为变形。将这两种效果中的任意一种应用于影片剪辑后,Flash 会将其视为一个 3D 影片剪辑,每当选择该影片剪辑时就会显示一个重叠在其上面的彩轴指示符。若要使对象看起来离查看者更近或更远,可以使用 3D 平移工具或属性检查器沿 Z 轴移动该对象。若要使对象看起来与查看者之间形成某一角度,可以使用 3D 旋转工具绕对象的 Z 轴旋转影片剪辑。通过组合使用这些工具,可以创建逼真的透视效果。如图 3-26 和图 3-27 所示。

👆 图　3-26

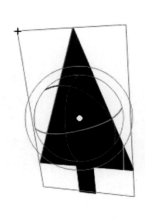

👆 图　3-27

3D 平移和 3D 旋转工具都允许在全局 3D 空间或局部 3D 空间中操作对象。全局 3D 空间即为舞台空间。全局变形和平移与舞台相关。局部 3D 空间即为影片剪辑空间。局部变形和平移与影片剪辑空间相关。例如，如果影片剪辑包含多个嵌套的影片剪辑，则嵌套的影片剪辑的局部 3D 变形与容器影片剪辑内的绘图区域相关。3D 平移和旋转工具的默认模式是全局。若要在局部模式中使用这些工具，可以单击"工具"面板"选项"部分的"全局"切换按钮。

3.3.3　使用动画编辑器编辑属性曲线

通过"动画编辑器"面板，可以查看所有补间属性及其属性关键帧。它还提供了向补间添加精度和详细信息的工具。动画编辑器显示当前选定的补间的属性。在时间轴中创建补间后，动画编辑器允许用户以多种不同的方式来控制补间，如图 3-28 所示。

👆 图　3-28

3.4 Flash 的库元件

库元件是指在 Flash 中创建且保存在库中的图形、按钮或影片剪辑,可以自始至终在影片中重复使用,这是 Flash 动画中最基本的元素。

"库"面板(用"窗口"→"库"命令打开)是存储和组织在 Flash 中创建的各种元件的地方,它还用于存储和组织导入的文件,包括位图图形、声音文件和视频剪辑,如图 3-29 所示。利用"库"面板,可以在文件夹中组织库项目、查看项目在文档中的使用频率以及按照名称、类型、日期、使用次数或对项目进行排序。也可以使用搜索字段在"库"面板中进行搜索,并设置大多数对象选区的属性。

1. "库"面板中包含的元件类型

其包括以下三类。

- 影片剪辑元件:可以理解为电影中的小电影,可以完全独立于主场景时间轴并且可以重复播放。
- 按钮元件:实际上是一个只有 4 帧的影片剪辑,但它的时间轴不能播放,只是根据鼠标指针的动作做出简单的响应,并转到相应的帧。通过给舞台上的按钮实例添加动作语句而实现 Flash 影片强大的交互性。
- 图形元件:是可以重复使用的静态图像,或连接到主影片时间轴上的可重复播放的动画片段。图形元件与影片的时间轴同步运行。

⊕ 图 3-29

2. 三种元件的相同点和区别

影片剪辑元件、按钮元件和图形元件的相同点:它们的相同点是都可以重复使用,且当需要对重复使用的元素进行修改时,只需编辑元件,而不必对所有该元件的实例一一进行修改,Flash 会根据修改的内容对所有该元件的实例进行更新。

影片剪辑元件、按钮元件和图形元件的区别及应用中需注意的问题:

(1)影片剪辑元件和按钮元件的实例上都可以加入动作语句,图形元件的实例上则不能;影片剪辑里的关键帧上可以加入动作语句,按钮元件和图形元件则不能。

(2)影片剪辑元件和按钮元件中都可以加入声音,图形元件则不能。

(3)影片剪辑元件的播放不受场景时间线长度的制约,它有元件自身独立的时间线;按钮元件独特的 4 帧时间线并不自动播放,而只是响应鼠标事件;图形元件的播放完全受制于场景时间线。

(4)影片剪辑元件在场景中测试时看不到实际播放效果,只能在各自的编辑环境中观看效果,而图形元件在场景中即可随时观看,可以实现所见即所得的效果。

(5)三种元件在舞台上的实例都可以在"属性"面板中改变其行为,也可以相互交换实例。

(6)一个影片剪辑中可以嵌套另一个影片剪辑,一个图形元件中也可以嵌套另一个图形元件,但是一个按钮元件中不能嵌套另一个按钮元件。三种元件之间可以相互嵌套。

3. 编辑元件实例的属性

每个元件实例都有独立于该元件的属性,可以更改实例的色调、透明度和亮度;重新定义实例的行为(例如,把"图形"更改为"影片剪辑");并可以设置动画在图形实例内的播放形式。也可以倾斜、旋转或缩放实例,而不会影响元件。

每个元件实例都可以有自己的色彩效果。要设置实例的颜色和透明度选项,可以使用"属性"检查器。"属性"检查器中的设置也会影响放置在元件内的位图。

当在特定帧中改变一个实例的颜色和透明度时,Flash 会在显示该帧时立即进行这些更改。要进行渐变颜色的更改,可以应用补间动画。当补间颜色时,可以在实例的开始关键帧和结束关键帧中输入不同的效果设置,然后补间这些设置,以让实例的颜色随着时间的增长而逐渐变化。

"位图缓存"允许指定某个静态影片剪辑(如背景图像)或按钮元件在运行时缓存为位图,从而优化动画的回放性能。默认情况下,Flash Player 将在每一帧中重绘舞台上的每个矢量项目。将影片剪辑或按钮元件缓存为位图可防止 Flash Player 不断重绘项目,因为图像是位图,在舞台上的位置不会更改,这极大改进了播放性能。

4. 创建按钮元件

实际上,按钮元件是一种特殊的四帧交互式影片剪辑。在创建元件时如果选择了按钮类型,Flash 会创建一个包含四帧的时间轴。前三帧显示按钮的三种可能状态:弹起、指针经过和按下;第四帧定义按钮的活动区域。按钮元件时间轴实际播放时不像普通时间轴那样以线性方式播放;它通过跳至相应的帧来响应鼠标指针的移动和动作。

按钮元件的时间轴上的每一帧都有一个特定的功能:

- 第一帧是弹起状态,代表指针没有经过按钮时该按钮的状态。
- 第二帧是指针经过状态,代表指针滑过按钮时该按钮的外观。
- 第三帧是按下状态,代表单击按钮时该按钮的外观。
- 第四帧是点击状态,定义响应鼠标单击的物理区域。只要在 Flash Player 中播放 SWF,此区域便不可见。

Flash 按钮与交互语言的内容将在 5.3 节介绍。

3.5　Flash 的特殊运动形式

3.5.1　运动引导层动画的创建

在前面章节里已经学习了一些基本动画的效果,可以完成一些基本的动画特效。可是在动画片中有很多复杂运动,如蝴蝶在花丛中飞舞、汽车在弯曲的公路上奔驰等,在运动补间动画和形状补间动画中都无法完成运动轨迹的捕捉,所以在 Flash 中要完成这些效果就必须使用运动引导动画。

这里要说明的是,运动引导层动画是一种特殊的运动补间动画,所以制作运动引导层动画必须满足所有运动补间动画的要求。

运动引导层可以绘制路径,补间实例、组或文本块可以沿着这些路径运动。可以将多个层链接到一个运动引导层,使多个对象沿同一条路径运动。链接到运动引导层的常规层就成为引导层。把物体运动的开始帧放到引导线的一端,结束帧放到引导线的另一端,这样引导线才可以根据自身的形状来限制物体的移动。

如图 3-30 和图 3-31 所示,在这个例子里,作者采用了一个俯视的镜头来表现男主人公酒后飙车过弯道时一个"飘移"的情景。在这部动画中,作者使用了较多的轨迹线特效。

⬆ 图　3-30

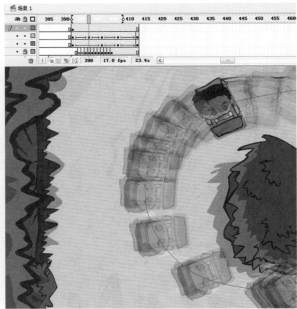

⬆ 图　3-31

其中的汽车"飘移"的镜头就是采用了引导线运动来完成的。下面将用这个实例来向大家详细介绍动画的整个制作过程。这里的这个"飘移镜头"除了轨迹线运动之外还加入了相当多的特效。比如汽车扬起的烟尘、飘移所造成的划痕等。

如图 3-32 所示为动画层分解图,大家可以清晰地看到男主人公酒后飙车的全动态路径。其中贯穿画面蓝色的线条就是这个实例当中所用到的轨迹线。

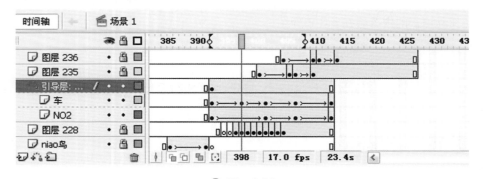

⬆ 图　3-32

(1)创建引导层和被引导层。

一个最基本的"引导路径动画"由两个图层组成,上面一层是"引导层",下面一层是"被引导层",与普通图层一样。

在普通图层上单击时间轴面板中的"添加运动引导层"按钮,该层的上面就会添加一个引导层,同时该普通层缩进成为"被引导层"。

在运动引导层中添加轨迹线。

(2)引导层和被引导层中的对象。

引导层是用来指示元件运行路径的,所以"引导层"中的内容可以是用钢笔、铅笔、线条、椭圆工具、矩形工具等绘制出的线段。

　　这里需要注意的是,只有运动轨迹线层里的线才是轨迹线。其他普通层中的线是不可能成为轨迹线的,如图 3-33 和图 3-34 所示。

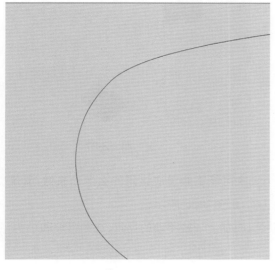

　　⊕ 图　3-33

　　⊕ 图　3-34

　　"被引导层"中的对象是跟着引导线走的,可以使用影片剪辑、图形元件、按钮、文字等,但不能应用形状。由于引导线是一种运动补间动画,所以"被引导"层中的动画形式是动作补间动画,当播放动画时,一个或数个元件将沿着运动路径移动。也可以双击图层小色块来选择图层的属性,以便建立引导层。

　　(3)如图 3-35 所示,向被引导层中添加了元件到这个实例当中,这条引导线引导了两部分物体,一部分是人和车;另一部分是汽车开动时扬起的烟尘。这两部分物体同时跟着引导线运动,所以还需要再建立一个被引导层,专门用来放置烟尘,如图 3-36 所示。

　　⊕ 图　3-35

　　以上设置完成之后,用运动补间动画的制作方法生成动画,检测动画是不是运动时根本没有飘移的感觉,汽车是否始终朝着一个方向。可以分别在动画中根据进度取四个关键帧,用来调整汽车的方向,可用任意变形工具调节汽车的方向,如图 3-37 所示。完成之后检测动画直到满意为止。用同样的方法修改烟尘。

图 3-36

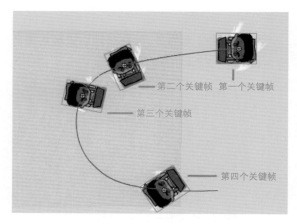

图 3-37

最后,别忘了汽车飘移运动时在地面上留下的划痕,这个大家可能不知道应该用什么运动来做,其实做这个不需要用什么运动,只需一帧帧地根据运行轨迹来画就可以了,如图 3-38 所示。

如图 3-39 和图 3-40 所示,最后用 9 帧制作了这段逐帧动画,再加上一些不动的场景,比如山坡和小树,整个镜头就这样完成了。

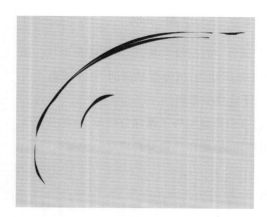

图 3-38

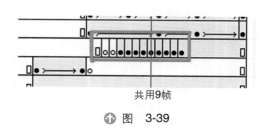

共用9帧

图 3-39

图 3-40

"被引导层"中的对象在被引导运动时,还可作更细致的设置,比如可设置运动方向。在"属性"面板上选中"路径调整"复选框,对象的基线就会调整到运动路径上。如果选中对齐复选框则可以使物体对齐,如图 3-41 和图 3-42 所示。

图 3-41

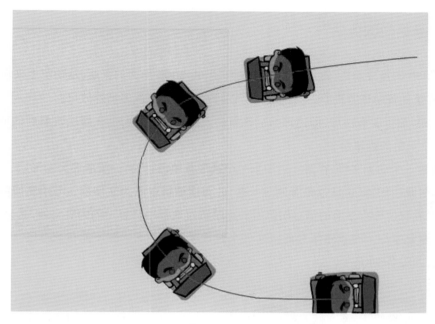

✿ 图　3-42

　　这样不只可以制作汽车的"飘移"动作,还可以制作适应路径的引导效果。在做引导路径动画时,选中工具箱中的捕捉按钮,可以使"对象附着于引导线"的操作更容易成功。拖动对象时,对象的中心会自动吸附到路径端点上。

　　可能有人觉得引导线最终出现在动画片中会破坏画面,其实并非如此。这里需要指出的是,Flash 中引导层中的内容在播放时是不可见的,引导线只起作用而不显示。引导线还可以用来制作圆周运动。但是在 Flash 中,引导线运动必须有一个起点、一个终点,但是圆既没有起点也没有终点,所以必须给它制造一个起点、一个终点。先画一根圆形线条,再用橡皮擦工具擦去一小段,使圆形线段出现两个端点,再把对象的起点、终点分别对准端点即可。最后调整到路径并完成动画,如图 3-43 所示。

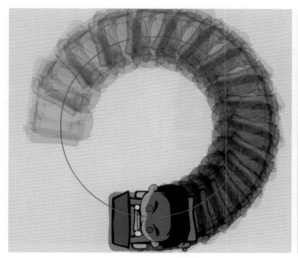 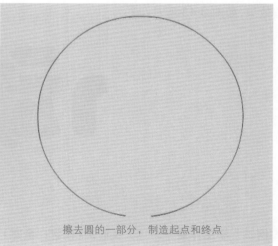

擦去圆的一部分,制造起点和终点

✿ 图　3-43

　　引导线允许重叠,但必须在重叠处使线段保持圆滑,才能让 Flash 辨认出来,包括线段走向,否则会使引导失败。

3.5.2 遮罩效果的创建

遮罩效果是 Flash 的重要功能,遮罩的概念有点像 Photoshop 里面的蒙版,从功能上来说,Flash 遮罩的功能要更完善,因为它是具备动态效果的。利用遮罩可以巧妙地制作出许多特殊效果。

要产生遮罩效果,至少要有两层,即遮罩与被遮罩。上层覆盖下层;上一层决定看到的形状,下一层决定看到的内容。下面做个简单的遮罩例子。

在 Flash 中新建一个动画文件,在第一层中画一个圆形并填色,为第一层取名为图形层。在第一层上新建一个图层,写几个字,尽量用粗体,这样效果更明显一些,并为该这层取名为文字层。与填充或笔触不同,遮罩像一个窗口,透过它可以看到位于它下面的链接层区域。除了透过遮罩项目显示的内容之外,其余的所有内容都被遮罩层的其余部分隐藏起来。一个遮罩层只能包含一个遮罩项目。按钮内部不能有遮罩层,也不能将一个遮罩应用于另一个遮罩上,如图 3-44 所示。

⊕ 图 3-44

Flash 会忽略遮罩层中的位图、渐变色、透明、颜色和线条样式。在遮罩中的任何填充区域都是完全透明的;而任何非填充区域都是不透明的。

要创建动态效果,可以让遮罩层动起来。对于用作遮罩的填充形状,可以使用补间形状;对于文字对象、图形实例或影片剪辑,可以使用补间动画。当使用影片剪辑实例作为遮罩时,可以让遮罩沿着路径运动。

当遮罩层与被遮罩层同时被锁定的时候,遮罩效果可以在工作区域内预览。设置遮罩的方法是,在上面图层(文字层)上右击,在出现的快捷菜单中选择"遮罩层"命令,下面的图层自动转换成被遮罩层。遮罩做好后可以看看效果,如图 3-45 所示。

⊕ 图 3-45

案例二 学生作业——《大头旺》(作者:金宽)

如图 3-46 所示,这部短片里多处出现 3D 效果的画面,其实这些画面都是通过 Flash 里的运动与形状变化并加遮罩层效果来完成的,而不是逐帧动画。这种方法可以快速地在 Flash 里制作出 3D 特效,不过只能对简单的几何图形进行 3D 操作,如果要是图形太复杂,这种方法用处不大。

⊕ 图　3-46

人脸转动的步骤与制作方法如图 3-47 所示。

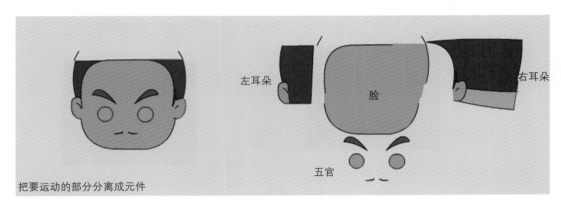

⊕ 图　3-47

原理：转头其实可以看作是五官在脸上做移动,即把脸看作是一个圆形空间,身体看作是一个锥形的空间,手臂和衣服在空间里做移动。

（1）先把要做的动画部分分层,并将左耳朵、右耳朵、头发、五官、脸分别转换成元件放置到新的图层里去。

（2）做五官的移动,把眉毛、眼睛、胡子组合起来并转换成元件,让元件从右到左做运动变化。

（3）在五官图层建立遮罩层,把人物的脸复制到遮罩层中,让五官只显示在人脸的遮罩层内,这样就解决了五官移出人脸的问题了。已经把人物的五官转动效果做好后,下面要做的动画效果就只有耳朵和头发了。

Flash 动画制作过程中,尤其是一些复杂的角色、场景动画中,往往会涉及非常多的图层。在这个实例当中,使用过的图层就达了几十个。所以图层的命名就显得非常重要,这可以帮助作者快速地找到自己所需的图层,如图 3-48 所示。

⊕ 图　3-48

（4）从简单的动画入手，让左耳朵从左到右运动来创作补间动画。这时候可以发现耳朵移到脸上了，本来应该要让它消失的，所以这时候用到了与做五官动画的时候一样的方法。设置遮罩层，让耳朵只在脸外显示，如图 3-49 所示。

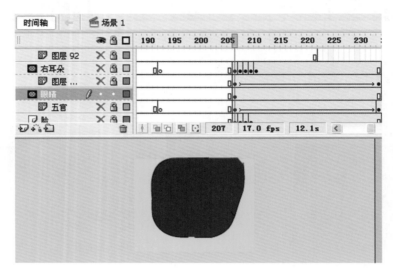

↑ 图　3-49

（5）右耳朵加后脑的移动，形成右耳朵的元件，进行从右到左的运动，然后只在人脸的遮罩层内显示。方法和上面一样。

这样，一种 3D 特效的慢镜头转头效果就轻松制作出来了。因此，只要理解了遮罩层的原理，就可以轻松完成特效了。以上方法只是针对不是太复杂的动画。头转过来时身体也要跟着转。制作方法与转头动画的制作方法基本一样，也是把身体分层，然后制作运动变化和遮罩层就可以了，如图 3-50 所示。

↑ 图　3-50

上面的实例基本上是运用运动补间加遮罩的技巧来制作出人物转头的慢镜头效果。下面是用形状运动来制作的镜头效果。

汽车的转动步骤与方法如图 3-51 所示。

案例三　用形状运动来制作的镜头效果

运动原理：画面中只是轮胎在做转动。只要制作出后轮胎的动画，前轮胎就可以复制出同样的效果。

（1）将车分层。我们用到的是"轮 1"、"轮 2"和车身这三个元件，如图 3-52 所示。

（2）先做轮子的形状变换，通过变形工具让轮子从弯的变成直的，然后从左到右移动，如图 3-53 所示。

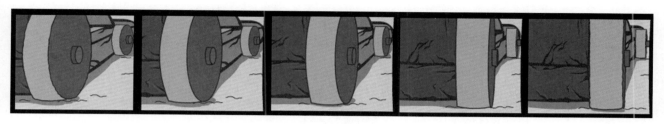

 图　3-51

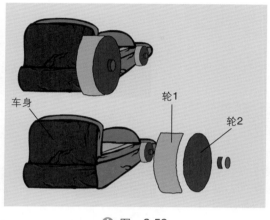

 图　3-52

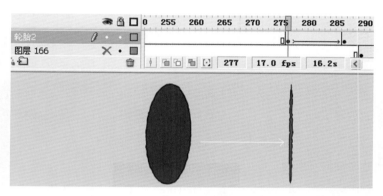

 图　3-53

（3）同时也做相同的形状变换，通过变形工具进行压缩变形，如图 3-54 所示。

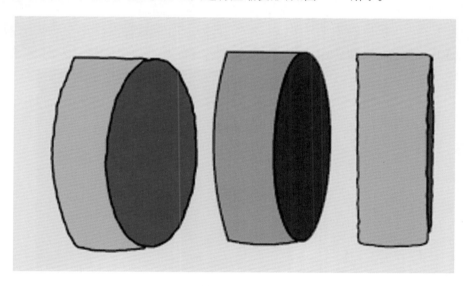

 图　3-54

（4）这样就形成了轮胎转动的效果。制作时利用了两个面的形状变换。汽车轮胎旁边的滚轴和前轮胎都可以用同样的方式制作出来，如图 3-55 所示。

（5）轮子动画制作好了，然后就是车身的动画。车身的动画很简单，只要用变形工具把车身压缩一下就行了，这样车体的动画就制作出来了。这是一个很实用的例子，这种方法可以应用到正方体、圆柱体等形状的物体中，从而大大提高了制作速度。

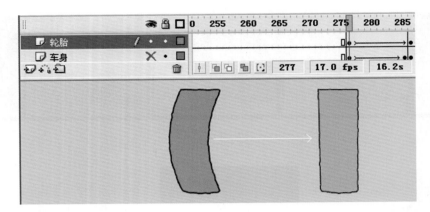

⊕ 图 3-55

思考与练习

一、讨论与思考

能否制作兼有轨迹线运动与遮罩的动画？如果可以，该怎么做？

二、作业与练习

1. 使用轨迹线运动的方法，制作"粉笔在黑板上写字"的效果。

2. 使用遮罩功能，制作"个人网站"文字动画。

3. 使用运动补间动画或形状补间动画，制作文字动画。

4. 熟练掌握 Flash 中帧的创建、移动、修改等操作。

第 4 章
Flash角色动画的制作

4.1　Flash 的逐帧动画

在 Flash 中,许多动画不是依靠计算机自动补间生成的方式完成的。比如:人的运动(走、跑、跳)、脸部及身体的旋转或表情变化,都是依靠逐帧动画来完成的,如图 4-1 和图 4-2 所示。

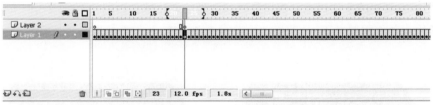

✪ 图　4-1

✪ 图　4-2

在逐帧动画中,需要将每个帧都定义为关键帧,然后给每个帧创建不同的图像。每个新关键帧最初包含的内容和它前面的关键帧是一样的,因此可以逐步地修改动画中的帧。

创建逐帧动画的操作方法如下。

(1)单击图层名称使之成为活动层,然后在动画开始播放的图层中选择一个帧。

(2)要插入关键帧,选择"插入"→"时间轴"→"关键帧"命令可以在帧序列上创建对象,也可以使用绘画工具从剪贴板中粘贴图形,或者导入一个文件。

(3)以此类推,完成整个动画序列,最终测试动画序列。

通常情况下,在某个时间舞台上仅显示动画序列的一个帧。为便于定位和编辑逐帧动画,可以在舞台上一次查看两个或更多的帧。播放头下面的帧用全彩色显示,但是其余的帧是暗淡的,看起来就好像每个帧是画在一张半透明的绘图纸上,而且这些绘图纸相互层叠在一起,无法编辑暗淡的帧。

在绘制人物原画的时候要将动画镜头中每一个动作的关键及转折部分先设计出来,根据原画再画出中间画,然后把中间画一张张地描线、上色,还需要确保所有人物的比例和透视在相对应的场景里和谐,这样一张张地绘制出来后,再导入时间轴面板中查看人物动作是否顺畅。

动画动作设计其实具有很强的逻辑性,影片中的角色动作必须符合其正确的逻辑关系,如图 4-3 所示。这里所谓正确的逻辑关系,是指在影片范围内能够被人们理解、认同、接受的因果关系。影片中的世界是人们创造出来的,是假定性的艺术。其中的一切因素都应该具有其合理的逻辑性。否则就不会被人们所理解、接受和认同。不同风格的动画影片对动作的要求不同,动画动作有很多种风格,我们想要做的是以动作夸张、搞笑为主的幽默类型。

(a)原画　　　　　　　　　　　　　(b)中间画

↑ 图　4-3

4.2　两足角色运动实例解析

在讲角色运动之前首先要强调,角色的运动规律与角色本身的设计风格是密切相关的。不同风格的动画角色,如常见的日式风格与美式风格动画在处理同一运动,如人的跑、跳等时,会有不同的处理方式,这是动画创作者所必须要注意的。在将角色的形象、风格等设定的同时,已经决定了角色将以什么样的方式来运动。

在动画片的角色中表现最多的是人的动作,人的活动受到人体骨骼、肌肉、关节的限制。日常生活中的一些动作,有年龄、性别、形体等方面的差异,但基本运动规律是相似的,例如人的走路、奔跑、跳跃等,只要懂得了它的基本运动规律,再按照剧情的要求和角色造型的特点加以发挥和变化。熟练掌握表现人的运动规律的动画创作技法,就能进一步根据剧情和不同造型角色的要求去创作。

　　在制作转身、奔跑等大幅度运动变化的动画的时候,往往可以把不动的部分和动的部分分开制作,将它们置于不同的层中。在制作如走、跑、跳、转身等动作幅度较大、变化复杂的动作时,需要按照运动规律并使用逐帧绘制的方法来完成,如图 4-4 ～图 4-8 所示。

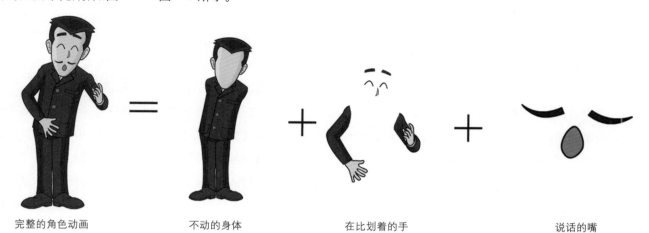

完整的角色动画　　　　　　不动的身体　　　　　　在比划着的手　　　　　　说话的嘴

图　4-4

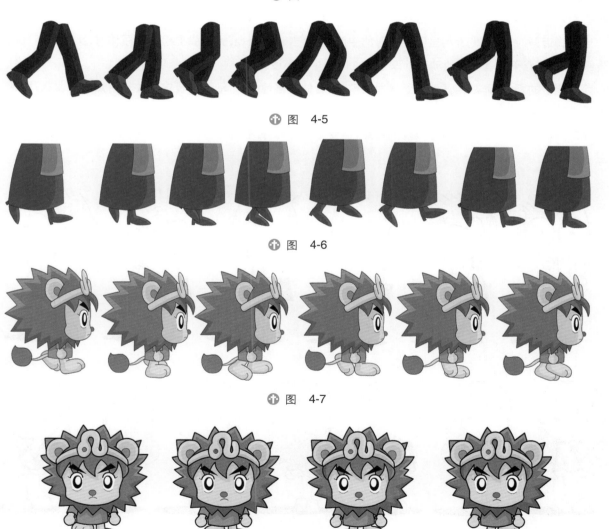

图　4-5

图　4-6

图　4-7

图　4-8

在两足角色动画中出现最多的是人,人的行走也是动画中最常见、最综合的例子。人的动作人们非常熟悉,所以只要有一点点不符合角色特征,观众很快就会察觉到。

从上面的三个两足角色行走的动画范例中大家可以看到,虽然同样是侧面行走,但由于角色风格、性别、情绪不同,三段侧面行走的角色动画有着较为显著的区别。所以说行走动画是 Flash 动画乃至其他各种形式动画的一大难点,各种性格、心情下的行走步态都不同,因此确定人的行走要根据角色来决定。

人走路的基本规律是:左右脚交替向前,带动人的身体向前运动,为了保持身体的平衡,要配合双脚的屈伸、跨步,双臂要前后摆动。由于走路时每一帧动画的分解动作都不同,就会形成不同的走路高度。

因此,在走路过程中,头顶的高低必然成波浪形运动。当迈出步子双脚着地时,头顶就略低,当一脚着地另一只脚提起并朝前弯曲时,头顶就略高。另外,走路动作中,跨步的那条腿从离地到朝前伸展落地,中间的膝关节必然成弯曲状,脚踝与地面呈弧形运动线。这条弧形运动线的高低幅度与走路时的神态和情绪有很大关系。

当了解了走路动作中间过程的复杂变化后,就明白了如何来画好人物走路动作的中间画。可是,人的走路动作又是复杂多变的,在特定情景下,角色的走路动作因受环境和情绪的影响而有所不同。例如,情绪轻松时走路轻快;心情沉重时会缓慢踱步;身负重物以及上下楼梯、爬山越岭时会步伐沉重。在表现这些动作时,就需要在运用走路基本运动规律的同时,与人物姿态的变化、脚步的幅度、走路的运动速度和节奏密切结合起来,才能达到预期的效果。

当双脚迈开时,头略低(相当于走路时的中间帧);当一脚着地,另一脚提起朝前屈伸时,头就略高(相当于走路原画帧);介于两者之间的动画就取它们之间的中间高度。

跨动步子的那只脚,从离开地面到弯曲向前,然后伸展落地,整个动作过程中膝关节自然成弯曲状,脚踝与地面也形成弧形运动线。

在二维动画里,角色的转身是表现的难点,需要根据计算好的时间画,不可能依靠 Flash 动画补间自动生成,如图 4-9 所示。

↑ 图 4-9

在 Flash 中制作角色动作时,一般把要表现的角色部位分层,比如头部、五官、手脚、身子等各放一层。然后再在各个图层中拉动到需要的位置。但在这个实例当中,作者把所有的运动都放在一个图层中完成,如图 4-10 所示(学生课堂作业,祝晓钦)。

☆ 图　4-10

以真人表演的动作作为参考,是动画制作过程中比较重要的一环,动画设计师可亲自表演,这样不仅能让动画设计师在表演的过程中更好地体验所需要动作的动态规律和动作形态,也能让整个动作效果更合理自然。

如图 4-11 所示,作者在人物设定上采用了写实风格。这一类卡通角色的运动表现难度比较大,在这个实例中作者使用了 10 个关键帧来逐帧描绘角色的整个动作。

☆ 图4-11　《行雨》中通过"摩片"手段创作的逐帧动画镜头

如图 4-12 所示为《行雨》动画片中通过"摩片"手段创作的逐帧动画镜头。

图 4-13 中的这个镜头参考了传统电影的拍摄手法,用轨道推动摄影器材来达到动态的视觉效果,再用拍摄下来的视频关键镜头作为参考来绘制动画的原画。该镜头表现了原稿与真人表演"摩片"的对比(作者:高思远)。

这个镜头因为角度比较刁钻,所以使雨伞飞出的形态很难掌握。这几个镜头也是运用真人拍摄的影像作为参考,因为有真人的表演,因此在绘制动画的过程中,避免了因为角度的刁钻而出现问题。

图 4-12

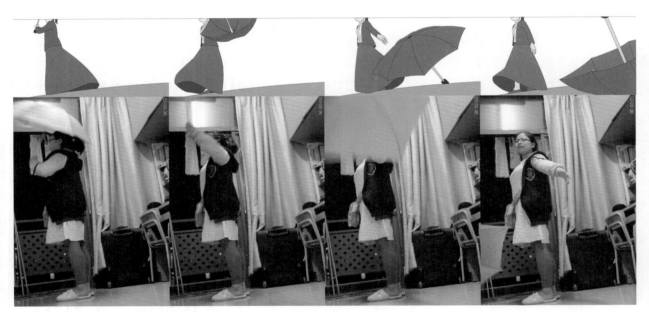

图 4-13

本片有很多逐帧二维爆炸效果,为了让镜头更加具有张力,也为了让爆炸显得更加生动。参考了很多影视片中的爆炸效果,并找了很多影视中的爆炸戏来参考,如图 4-14 所示(打斗逐帧动画镜头,动作设计:鲍懋、张凯鹏)。

为了让爆炸有着更加出色的效果,先在纸上画出原画,再用彩色铅笔画上阴影,这是最难画的一部分,因为把握不好爆炸后散开的效果,所以在这一步要反复地修改,最后再把每个部分的动画分开单独去画,然后上色,并到软件中润色,如图 4-15 所示(《被单骑士》中逐帧特效动画镜头,动作设计:鲍懋、张凯鹏)。

该镜头描绘的是男孩斗胆在妈妈身后偷走扫帚的情节。镜头带有些许的运动,并使用了变焦的处理方式,镜头起始聚焦在妈妈身上,让观众首先接受妈妈的存在,然后随着男孩悄悄地潜入,镜头聚焦到男孩的身上,实现把观众的视觉焦点由妈妈向男孩的自然转换,同时也不磨灭妈妈在观众心中的位置,从而给观众造成替男孩担忧的紧张心理。为突出叙事重点,光线上前暗后明,即通过表现室内与室外光线的差异展示了恐惧感,门口用亮光和门框突出了男孩的介入和他的动作,如图 4-16 所示(《被单骑士》中偷扫帚的逐帧动画镜头,动作设计:范祖荣)。

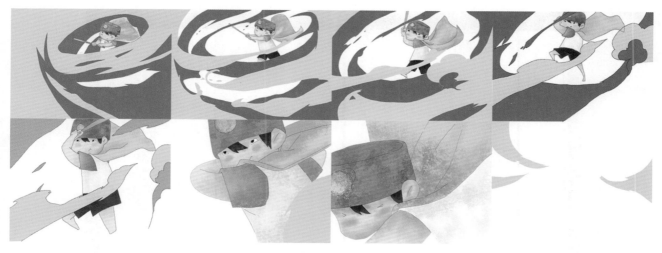

✿ 图　4-14

✿ 图　4-15

✿ 图　4-16

　　图 4-17（旋转逐帧动画镜头，动作设计：范祖荣）是本片中制作较为困难的镜头，镜头由男孩的背面旋转至正面，达到 180°的跨越，在制作上不管从场景的绘制还是原画和动画的绘制都极具挑战性。其中最大的难题是如何在室内这样一个狭小的地方完成镜头调度过程中变化的场景。由于他在场地上的局限性，四周是方方正正的墙面，不像室外有开阔的空景，通过绘制一幅长于普通镜头的画面就能达到较高质量的效果。最后运用后期合成软件 Nuke，将绘制好的镜头场景投射到虚拟的三维片面上，并进行制作合成，从而使镜头效果达到最优。

　　在图 4-18（转身动作——使用了"运动模糊"来弥补缺帧）的实例当中，由于在中间过渡帧添加了运动模糊效果，进一步加强了角色转身动作的动态效果。整个运动过程使用了 7 帧，真正牵涉到转身的有 5 帧。

　　较柔软的物体在受到力的作用时，其运动路线会呈波浪形，称为波浪形曲线运动。将轻薄而柔软的物体的一端固定在一个位置上，当它受到力的作用时，其运动规律就是顺着力的方向，从固定一端渐渐推移到另一端，形成一浪接一浪的波浪形曲线运动效果。

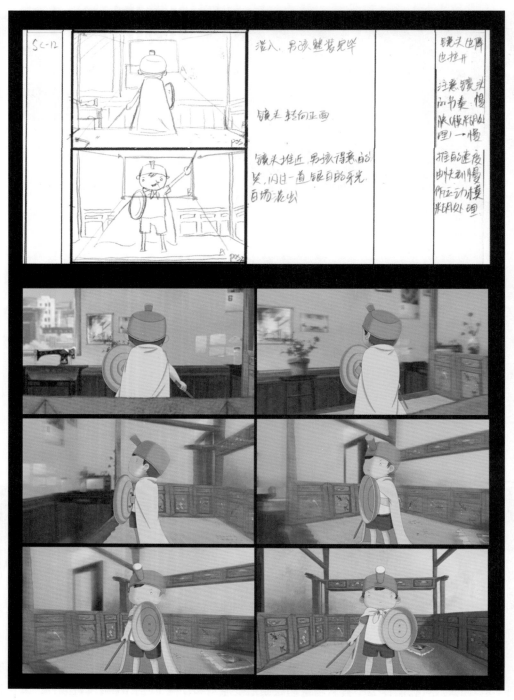

图 4-17

图 4-18

4.3　四足角色运动实例解析

四足动物从其着地方式上分为两种,即爪类动物和蹄类动物;从食物角度也可以分为两类,即肉食类和草食类。爪类动物都是肉食类,如狮、虎、豹、狼、猫、狗等。蹄类动物一般是食草类,如马、牛、羊、鹿等。肉食类动物(爪类动物)一般性情勇猛、跑动有力且富有弹性。蹄类动物性情比较温驯,有坚硬的脚蹄,善于奔跑、跳跃。

四足动物奔跑或跳跃的基本规律有以下几点:

(1)　在奔跑的过程中,身体的伸展与收缩比较明显。

(2)　在快速奔跑过程中,成四脚腾空的跳跃状。

(3)　在运动的过程中,身体的起伏较大。

(4)　跑得很快时,前后双腿会同时成屈伸状态。

四足动物跑步的时候速度比较快,一般情况下跑一个循环大概用 12 帧,因此可以设计 6 ～ 7 张画面(一拍二)。

四足动物跑步的时候身体成弧形运动,头部要有高低起伏,尾巴要随着身体的变化而变化。上面讲的是动画片中四肢动物跑步的基本运动规律。除了可以按照真实动物表现它的基本运动规律之外,还可以运用拟人化的表现方法,使动物和人一样直立起来,并设计出各种表情和动作的姿态。

如图 4-19 ～ 图 4-21 所示,作者在制作时反复地检查这些画面。在表现动物角色的动作时,根据场景和镜头长度的不同,所使用的动画画面的数量也不同。在表现动物奔跑的场景中,为了表现出速度感,通常只用 4 幅画面来组成动画。但在这里因为动物的行走速度较慢,假如关键帧用得比较少就会出现跳帧的情况,所以作者在这个循环动作中,使用了 6 个关键帧来描绘动作过程。

熊的行走轨迹,作者:高雷

⬆ 图　4-19

猪的行走轨迹,作者:高雷

⬆ 图　4-20

鸟类的飞行轨迹,作者:高雷

⬆ 图 4-21

如图 4-22 所示(鹿的行走轨迹动作练习,作者:高雷),作者用 6 幅画面表现鹿的行走,整个过程都是三条腿着地,一条腿腾空。

| ① | ② | ③ | ④ | ⑤ | ⑥ |

① 只有左前腿一条腿腾空时的状态。　　② 左前腿着地,左后腿在空中。　　③ 左后腿着地,右前腿开始腾空。

④ 继续前面的状态,右前腿高抬。　　⑤ 右前腿着地,右后腿高抬。　　⑥ 右前腿慢慢放下,循环第一帧的内容

⬆ 图 4-22

当然,在动画制作的过程中。经常会遇到一些难以归类的动作变化,比如花开、植物生长,如图 4-23 所示(植物生长,作者:高雷),一个东西慢慢地变成另一个东西等。这里给大家一些范例以供参考,这些变化往往都要根据具体情况具体对待。

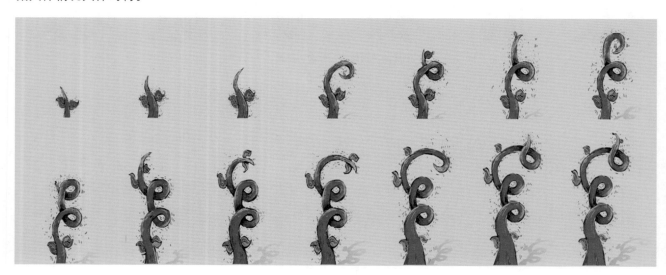

⬆ 图 4-23

4.4 Flash 中骨骼的运动功能（反向运动）

反向运动（IK）是一种使用骨骼的有关节结构对一个对象或彼此相关的一组对象进行动画处理的方法。使用骨骼,元件实例和形状对象可以按复杂而自然的方式移动,只需做很少的设计工作。例如,通过反向运动可以更加轻松地创建人物动画,如胳膊、腿和面部表情。可以向单独的元件实例或单个形状的内部添加骨骼。在一个骨骼移动时,与启动运动的骨骼相关的其他连接骨骼也会移动。使用反向运动进行动画处理时,只需指定对象的开始位置和结束位置即可。通过反向运动,可以更加轻松地创建自然的运动。

骨骼链称为骨架,如图 4-24 所示。在父子层次结构中,骨架中的骨骼彼此相连。骨架可以是线性的或分支的。源于同一骨骼的骨架分支称为同级。骨骼之间的连接点称为关节。

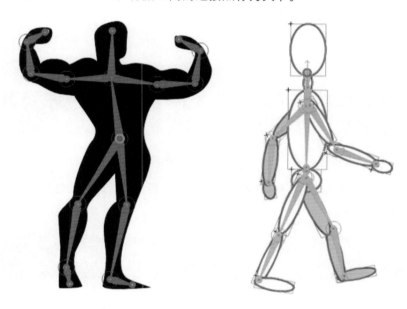

⊕ 图 4-24

在 Flash 中可以按两种方式使用 IK。第一种方式是,通过添加将每个实例与其他实例连接在一起的骨骼,用关节连接一系列的元件实例。骨骼允许元件实例链一起移动。具有一组影片剪辑,其中的每个影片剪辑都表示人体的不同部分。通过将躯干、上臂、下臂和手链接在一起,可以创建逼真移动的胳膊,还可以创建一个分支骨架以包括两个胳膊、两条腿和头。

使用 IK 的第二种方式是向形状对象的内部添加骨架。可以在合并绘制模式或对象绘制模式中创建形状。通过骨骼,可以移动形状的各个部分并对其进行动画处理,而无须绘制形状的不同版本或创建补间形状。例如,可能向简单的蛇图形添加骨骼,以使蛇逼真地移动和弯曲。

Flash 将实例或形状以及关联的骨架移动到时间轴面板中的新图层上,此新图层称为姿势图层。每个姿势图层只能包含一个骨架及其关联的实例或形状。

可以使用骨骼工具来创建影片剪辑的骨架或者是向量形状的骨架。其步骤如下。

（1）创建一个 Flash 文档,并选择 ActionScript 3.0。注意,骨骼工具只适合与 ActionScript 3.0 文档配合使用。

（2）在舞台上画一个对象。为了让其简单,使用矩形工具创建了一个基本的形状。一旦创建好了形状以后,把它转换成一个影片剪辑或者是图形,如图 4-25 所示。

🕀 图　4-25

（3）把这些对象连接起来,创建骨架。在工具面板中选择骨骼工具,如图 4-26 所示。

（4）确定骨架中的父根符号实例,这个符号实例将会是骨骼的第一段。拖向下一个符号实例来把它们连接起来。当松开鼠标的时候,在两个符号实例中间将会出现一条实线来表示骨骼段。

（5）重复这个过程,如图 4-27 所示,第二个符号实例与第三个实例连接起来。通过不断地从一个符号拖向另一个符号来连接它们,直到所有的符号实例都用骨骼连接起来。

🕀 图　4-26　　　　　　　　　　　　　　　　　　🕀 图　4-27

（6）接下来在工具面板上选择选取工具,并拖动链条中的最后一节骨骼。通过在舞台上拖动它,整个骨架都能够实时控制了,如图 4-28 所示。

🕀 图　4-28

（7）将骨架应用于形状。也可以使用骨骼工具在整个向量形状内部创建一个骨架,如图 4-29 所示。这是一种创建形状动画的快速方式,通常使用这项技术来为动物角色创建摇尾巴动画。

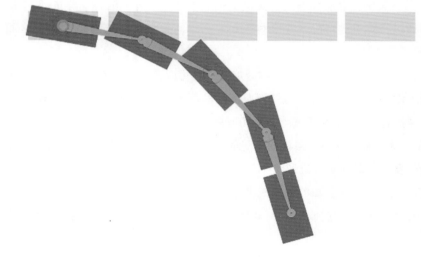

🕀 图　4-29

（8）选择骨骼工具。从尾巴的底部开始,在形状内部单击并向上拖曳,最终创建根骨骼,如图 4-30 所示。在向形状中画第一根骨骼的时候, Flash 会把骨骼转换为一个 IK 形状对象。

（9）继续向上一个接一个地创建骨骼,这样它们可以头尾相连起来,如图 4-31 所示。将每段骨骼的长度渐渐变短,越到尾部关节会越多,这样就能创建出更切合实际的动作来。

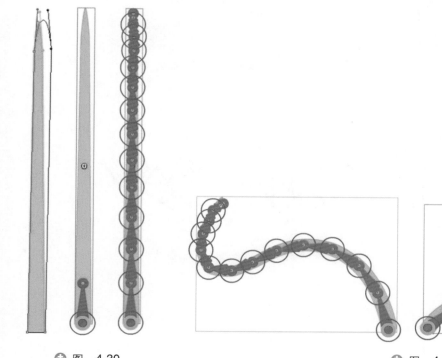
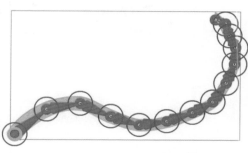

🔺 图　4-30　　　　　　　　　　　　　　　　　🔺 图　4-31

（10）使用选取工具,拖动位于骨骼链顶端的最后一根骨骼到尾部的最根部。因为非常直的尾巴看起来并不自然,因此我们把骨架放置成了 S 形。

（11）为了让尾部摆动更加真实,需要给尾巴加上辅助动作。因为尾部的动作是从根部通过根骨骼发起的,尾巴的尾端只是对根骨骼的一个延迟的反作用。为了能创建这样的动画,把帧指示器放在第一帧初始位置后的几帧之后,并操纵骨架让尾部朝着根骨骼相反的方向弯曲。

（12）播放动画后会发现,尾巴上的关节越多,在添加了辅助动作后就越自然。现在进一步给它加上缓冲动作。如果不加,动画看起来就会很机械化。

（13）可以应用不同类型的缓冲动作,并给每个动作使用不同的缓冲强度,使用帧指示器放置在每组关键帧的中间,选择不同的缓冲预设值,并调整它们每个的强度。

（14）下一步就是如何应用骨架了。凭直觉可能认为用一个骨架将所有身体部分连接在一起就可以了。不过这并不是最好的方法,因为这样需要一个非常复杂的骨架,但却会导致难以操作。Flash 更倾向于为胳膊和腿部单独创建更小的骨架。

（15）如图 4-32 所示为 Adobe 官方教程中的"猴子走路"教程,使用的方法并非打造一个全身的骨骼。而是将猴子的四肢分别切分开,最后拼合成一个整体后,调整成走路的循环动画。

Flash 新增的骨骼功能更多时候可以起到很好的辅助作用,但初学者不要把制作角色动画的希望寄托在软件本身而产生过度依赖心理。二维动画的骨骼系统至今没有完善,如图 4-33 所示。

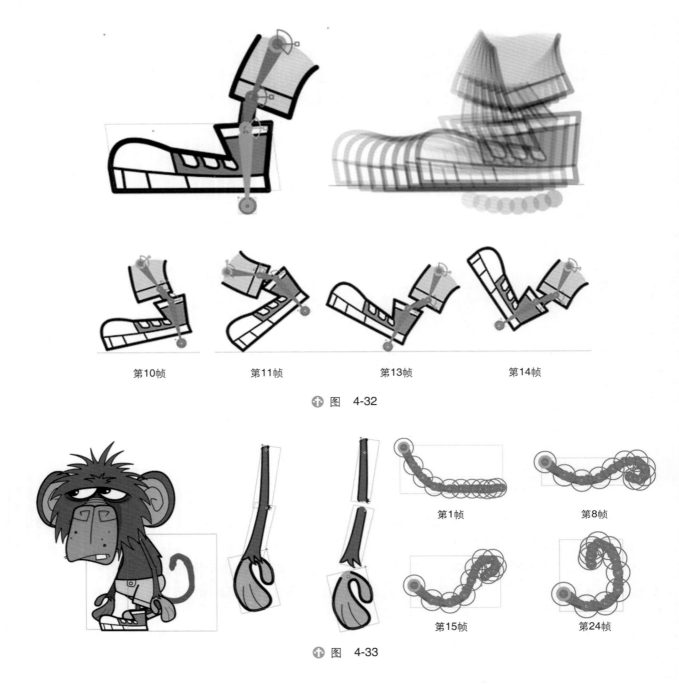

第10帧　　　　　　第11帧　　　　　　第13帧　　　　　　第14帧

⬆ 图　　4-32

第1帧　　　　　　　第8帧

第15帧　　　　　　第24帧

⬆ 图　　4-33

4.5　角色表情的刻画

　　表情动画和全身运动有共同的制作原理,往往也是将不动的部分与动的部分分层制作。一般来说,脸蛋一般是不动的,没有必要再分层。而五官则需要将眼、口、耳、鼻等各个部分分开制作,如图 4-34 ~ 图 4-39 所示。

　　表情动画的规划根据角色的不同应因人而异,不同的角色、不同的造型,表情的变化也不相同。如图 4-40 和图 4-41 所示列举了一些不同造型风格的角色的实例,供大家参考。

　　制作自然流畅、有说服力的表情动画需要大量的实践探索。实践中的经验才是真正的"好老师"。当然大家也可以使用其他软件提供的表情动画功能,如 ToonBoomStudio 等,这里因为篇幅的限制,就不再一一叙述了。

眼睛与鼻子元件组

眉毛与胡须元件组

口型动画元件组

不动的角色脸部

一段惊讶表情动画所使用的元件

⬆ 图　4-34

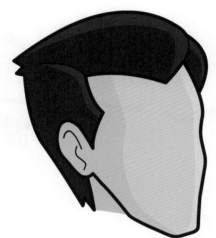   

表情分解示意图

⬆ 图　4-35

眼部表情分解示意图

⬆ 图　4-36

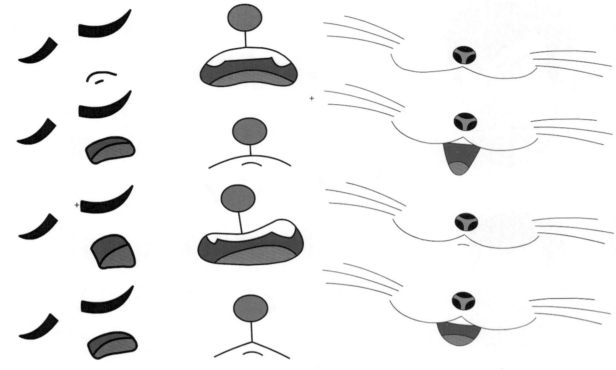

口型动画分解示意图

✿ 图 4-37

面部动画分解示意图

✿ 图 4-38

吃惊时的表情配合全身的动作

✿ 图 4-39

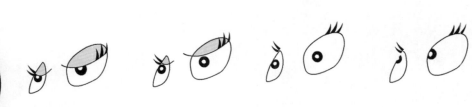

眼部表情变化解析

⬆ 图　4-40

女孩眼部表情变化解析

⬆ 图　4-41

思考与练习

一、讨论与思考

1. 对于原画的学习，"摩片"是不是一种好办法？

2. 简述动画角色表演与影视真人表演的异同。

二、作业与练习

1. 使用设计好的角色制作角色表情两段，分别是笑、说话（内容自选）。

2. 制作"QQ"、"MSN"表情两个。

第 5 章
Flash代码与音效及其他
周边资源的应用

本章将把 Flash 代码、音效及周边资源做一个综述，本章内容比较琐碎，在教学中不是重点与难点，教师可根据专业与课时的不同灵活调度。在本章中，将尽量避免枯燥的理论，根据动画专业所需要的实例来介绍 Flash 动画设计中常用的方法。

5.1　Flash 的"3 渲 2"

很多 Flash 作品中带有表现三维特效的内容。如果真的用 Flash 一帧帧地绘制是很麻烦的。有些特效能不能用三维软件先做好，然后渲染成矢量格式动画呢？当然可以，3ds Max 的矢量渲染插件 Illustrate 就可以实现该功能，如图 5-1 所示。Illustrate 是一款矢量渲染插件，最新的版本中包含了一个完整的 Flash 渲染引擎，提供了很多先进的渲染特点，包括：阴影、支持物体交叉等。它允许以不同的艺术风格渲染 3D 场景。

安装 Illustrate 插件后，它就成为 3ds Max 中的一个渲染器，用它可以将三维场景渲染输出成二维非真实渲染格式的。它除了能输出平常的位图格式文件以外，最大的特点就是输出矢量图格式文件如 ai、swf 格式。下面通过一个小实例来说明。

（1）建立场景。在场景中创建一个茶壶，并给茶壶制作旋转动画，如图 5-2 所示。

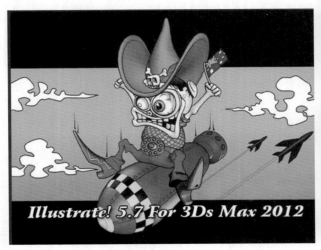

❶ 图　5-1

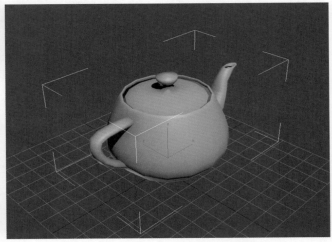

❶ 图　5-2

（2）渲染设置。Illustrate 安装好后，在 3ds Max 的菜单中就会增加一栏"Illustrate!"，如图 5-3 所示。
单击其 Options 下拉菜单项，会弹出"渲染向导"对话框，然后根据向导提示实现渲染的主要设置。

① 选择输出的格式，这里选择 Shockwave Flash，如图 5-4 所示。

⊕ 图　5-3

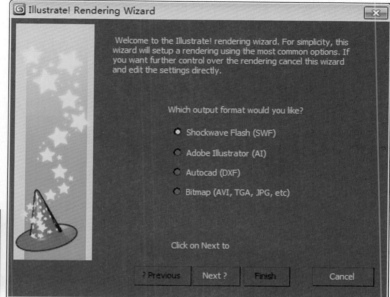

⊕ 图　5-4

② 设置输出场景的背景，此处选择白色背景。

③ 有两个问题，一个是选择渲染的风格；另一个是选择渲染的部位，这里选择 Cartoon 风格和渲染边线 Lines 部分。

④ 设置输出文件的位置、窗口大小等，其实可以在渲染的时候设置。

⑤ 单击 Finish 按钮。

这样就基本完成了渲染前的准备工作，此时如果要进行细节上的修改，就要进入 Illustrate 窗口进行操作了，如图 5-5 所示。

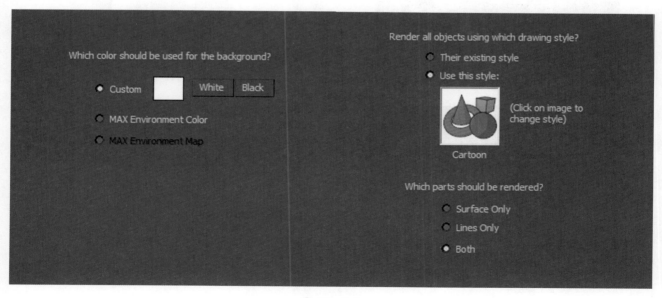

⊕ 图　5-5

单击 Finish 按钮或 Skip Wizard 按钮后会弹出 Illustrate 窗口,在这里可以很具体地设置渲染的风格,此处选择 cartoon 风格,如图 5-6 所示。

(3) 渲染场景。按向导提示设置完成后,单击 Render 菜单项,你会发现这里的渲染器已经改成了 Illustrate,其中的 Renderer 面板中的项目也已经设置好了。单击 Render 按钮渲染动画,效果如图 5-7 所示。

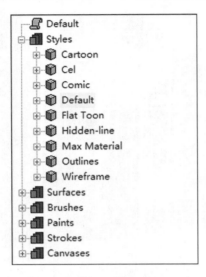

❶ 图 5-6

❶ 图 5-7

案例一 城门楼效果图

使用 Illustrate 渲染器渲染的城门楼效果图,如图 5-8 和图 5-9 所示。

❶ 图 5-8

❶ 图 5-9

该案例使用多边形制作的三维模型,总面数为 1690 个三角形。如使用默认渲染器,该场景因面数过少不能制作动画,使用 Illustrate 渲染器可以完成渲染。使用 Illustrate 渲染的卡通效果非常合适制作二维与三维结合的动画场景。

案例二　寺庙大厦效果图

使用 Illustrate 渲染器渲染的寺庙大殿效果,如图 5-10 和图 5-11 所示。

⬆ 图　5-10

⬆ 图　5-11

该寺庙大殿使用的总面数仅为 11091 个三角形。通过 Illustrate 渲染器渲染而获得的卡通效果与后期特效滤镜相配合,可以营造出气势恢宏的场面。

5.2　GoldWave 声音的录制

音频编辑在音乐后期合成、多媒体音效制作、视频声音处理等方面发挥着巨大的作用,它是获取声音素材的最主要途径,能够直接对声音质量产生显著的影响。录音对于动画导演来说是非常重要的步骤,但以往使用的同类软件要不就是过于复杂、难以上手,要不就是用途单一、功能太弱。下面介绍操作简单、功能实用的中文音频编辑软件 GoldWave 的基本用法。

(1) 安装完成后运行 GoldWave,就可以看见软件的主界面,如图 5-12 所示。

(2) 单击界面左上角的 New 按钮来新建音频文件,会出现“新建声音”对话框,如图 5-13 所示。

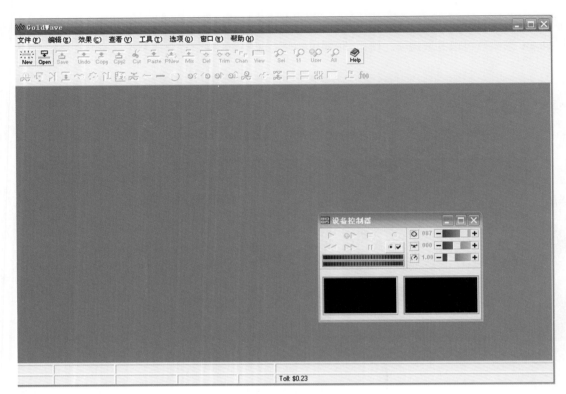

○图　5-12

○图　5-13

（3）设置一些新建音频文件的参数，例如采样比率、长度等。"长度"可以根据所需录音的时间长短来设置。设置好单击"确定"按钮。如图 5-14 所示。

（4）确认后会见到一个空白音频文件的波形图，准备好麦克风，按住 **Ctrl** 键并同时单击设备控制器上面的红色圆点按钮即开始录音，如图 5-15 所示。

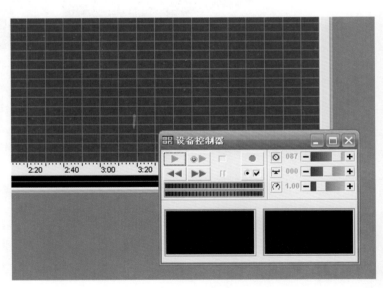

○图　5-14

○图　5-15

（5）录音完毕之后，可以选择"效果"→"过滤"→"减少噪音"命令，也可以使用其他一些后期特效来增加效果。最后将文件保存成 wav、mp3 等音频格式后退出系统。

5.3　Flash 声音的导入与控制

Flash 提供了许多使用声音的方式。可以使声音独立于时间轴面板连续播放,也可以让动画与一个声音同步播放。另外,通过设置淡入、淡出效果还可以对声音进行后期剪辑处理。

Flash 中有两种声音类型:事件声音和音频流。事件声音必须完全下载后才能开始播放。除非明确停止,否则它将一直连续播放。音频流在前几帧下载了足够的数据后就开始播放;音频流要与时间轴同步以便在网站上播放。

1. 导入声音

用“文件”菜单的“导入”命令并找到所需要的声音素材,即可将声音导入,如图 5-16 所示。然后就可以在库面板中看到刚导入的声音文件。以后在制作过程中就可以像使用库元件一样使用声音对象了。

图　5-16

2. 引用声音

将声音从外部导入 Flash 中以后,时间轴并没有发生任何变化。必须引用声音文件后,声音对象才能出现在时间轴上,用户才能进一步应用声音。选择第 1 帧,然后将声音对象拖放到场景中,如图 5-17 所示。

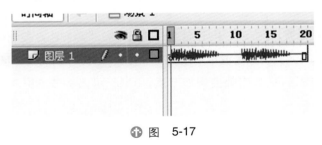

图　5-17

这时会发现"声音"图层第 1 帧中出现一条短线,这其实就是声音对象的波形起始位置。将第 20 帧转换为关键帧,按一下键盘上的 Enter 键,可以听到声音了。如果想听到效果更为完整的声音,可以按下组合键 Ctrl+Enter。

3．编辑声音

声音播放的四项同步属性如图 5-18 所示。

- 事件:"事件"与声音在它的起始关键帧开始显示时播放,并独立于时间轴播放完整的声音,即使动画停止执行,声音也会继续播放。当播放发布的动画时,"事件"与声音混合在一起。
- 开始:与"事件"的功能相近,但如果声音正在播放,使用开始选项则不会播放新的声音实例。
- 停止:将指定的声音静音。
- 数据流:将强制使动画和音频流同步。与"事件"声音不同,音频流随着画面的停止而停止。音频流的播放时间绝对不会比帧的播放时间长。当发布动画时,音频流混合在一起,这是动画短片常用的格式。

通过"同步"弹出菜单还可以设置"重复"和"循环"属性。输入一个值,以指定声音应重复的次数,或者选择"循环"以连续重复播放声音。

4．特效的编辑与设置

选择包含声音的第一个关键帧,在"属性"面板中打开"效果"下拉列表菜单,可以设置声音的效果,如图 5-19 所示。

各种声音效果的说明如下。

假如对菜单中现成的效果不满意,还可以使用编辑功能来重新设定。虽然 Flash 处理声音的能力有限,但是 Flash 还是可以对声音做一些简单的编辑,从而实现一些常见的功能,比如控制声音的播放音量、改变声音开始播放和停止播放的位置等。

编辑声音文件的具体方法是单击"编辑"按钮,如图 5-20 所示。弹出"编辑声音封套"对话框,可进一步编辑声音。

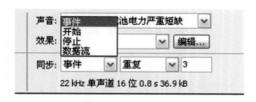

❶ 图 5-18

❶ 图 5-19

❶ 图 5-20

要改变声音的起始和终止位置,可拖动"声音起点控制轴"和"声音终点控制轴"。在对话框中,白色的小方框成为节点,用鼠标上下拖动它们,改变音量指示线的垂直位置,这样可以调整音量的大小,音量指示线位置越高,声音越大。用鼠标单击编辑区,在单击处会增加节点,用鼠标可以将节点拖动到编辑区的外边,如图 5-21 所示。

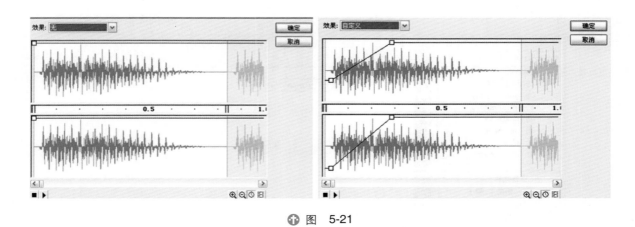

⬆ 图　5-21

5.4　Flash 代码的应用

5.4.1　动作面板的介绍

与其他软件或传统手法制作的动画相比，Flash 动画最大的特点在于它的交互性，在于它可以利用 ActionScript（简称 AS）语言在网络上游刃有余地创作丰富的动画，尤其在网络技术飞速发展的今天，Flash 脚本编程技术不但使平淡单向的网页、网站、动画变得绚烂夺目，而且因为观众能亲身参与，又使 Flash 作品显得更加有趣且更具有人性化特征。同样，AS 语言的应用在更大程度上激发了设计者的创造力和想象力。

ActionScript 是 Flash 脚本撰写语言，允许用户在 Flash 文档中添加复杂的交互性、回放控件和数据显示。虽然相对于网站或游戏来说，在 Flash 动画设计中 AS 编写要求并不高，但同样必不可少，场景连接的流畅性、按钮的应用、互动性的实现等都需要代码的应用。

相对于以前的版本，Flash 中"动作"面板的功能得到了扩充和增强，如可以显示脚本中的隐藏字符；可以使用"脚本助手"帮助语法基础差的用户编写代码；可以设置首选项；在处理程序时可以重新加载修改后的脚本文件，避免旧的脚本文件覆盖新脚本，等等。

针对用户的专业程度，AS 可分成两种形式：专家模式和脚本助手模式。

（1）专家模式针对有编程基础的专业人员，他们可自行编写复杂代码，如图 5-22 所示。

① 动作工具箱：包含所有 AS 动作的命令和语法。当动作命令为灰色时表示不可用。

使用方法：双击或拖动所需的动作命令到编辑窗格中。

② 动作对象区：显示当前添加 AS 代码的对象。如图 5-22 中即表示，当前动作代码应用对象为当前场景中图层 1 的第一帧。该区域能确保用户查询、管理 Flash 动画中所有添加动作的对象。

③ 编辑窗格：代码编辑的主区域。所有需要的动作命令都在此处被编写成符合语法规范的脚本。

④ 工具栏：是动作面板中必不可少的一部分，能协助用户成功编写脚本。

⚒：添加新动作命令到编辑窗格中。单击右下角的小黑三角，弹出动作工具箱中的所有动作可供选择。

🔍：实现查找功能。类似于 Word 中的查找工具。单击该按钮弹出"查找与替换"对话框。

⊕：插入目标路径。操作方法，将光标放于需要插入目标路径之处，单击该图标。在弹出的对话框中选择需要的目标路径。

图　5-22

如图 5-23 所示，两种目标路径，分别为相对路径和绝对路径。以表 5-1 为例，影片剪辑间关系如下：mc1 和 mc3 为根目录下同一级别，mc2 位于 mc1 的下一级别。现以 mc1 为基准，表达相对路径和绝对路径。

图　5-23

表 5-1　　两种目标路径

类　型	定　　义	书　写　格　式	
相对路径	以自己所处起点为基准，调用或访问附近级别的影片剪辑或变量，将路径简写	_parent 或 ../	mc1 的上一级
		_parent.mc3 或 ../mc3	同一级别的 mc3
		mc1	当前的影片剪辑 mc1
		mc1.mc2 或 mc1/mc2	mc1 内的影片剪辑 mc2
绝对路径	从最顶级起点（主时间轴）开始调用变量或影片剪辑，从上到下包含了对象或变量所处位置的完整信息	_root 或 /	根目录
		_root.mc3 或 /mc3	根目录下的 mc3
		_root.mc1 或 /mc1	根目录下的 mc1
		_root.mc1.mc2 或 /mc1.mc2	mc1 下的 mc2

✔：实现语法检查功能。在编写完所需要的代码后，可以使用该工具来检查脚本程序中的错误。若编写正确，如图 5-24 所示，则会出现"没有错误"的提示对话框。若编写有误，则会提醒用户，并且列出错误位置，如图 5-25 所示。

图　5-24

▤：自动套用格式功能。该工具能将用户编写的代码按规范格式排列。

▭：显示代码提示。在用户编写过程中，该工具会自动实时检测输入的命令，当命令中的语法被辨认出时，系统会在代码后显示出有关该语法的提示信息，用户可以直接引用。脚本助手模式如图 5-26 所示。

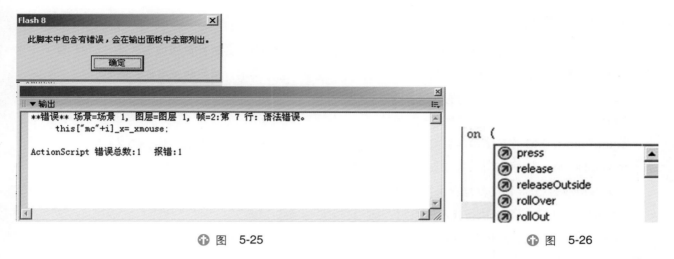

图　5-25　　　　　　　　　　　　图　5-26

（2）针对普通用户，由脚本助手模式来帮助用户按照语法规范编写程序是十分有用的一项功能。对于编程基础相对较弱的动画创作人员，无须掌握太多 AS 知识，也能在 Flash 中实现简单交互性的效果。用法如下。

- 打开：单击"动作"面板中的脚本助手按钮，即可打开脚本提示模式。
- 双击所需命令后，右侧编辑窗格上方会出现相应的命令编辑区域，用户只需按其提示填入或选择相应参数即可。
- 如果从专家模式切换到脚本助手模式时编辑窗格中已经包含了 ActionScript 代码，则 Flash 8 将编译现有代码。若代码出错，系统将报错，只要用户修复当前所选代码后就能使用脚本助手模式。

5.4.2　Flash 代码的基本类型

在编写 Flash 代码之间，首先要弄清 Flash 代码应用的三种类型，这三种类型的区分将有效避免在编写脚本中出现不必要的问题。

1．在帧上添加代码

写在指定帧上的代码，即将该帧作为激活命令的事件。当播放指针走到该帧时，此帧上的 AS 命令即被触发并执行。如为了控制动画影片结束，在时间轴第 40 帧添加如下代码："stop（）;"，那么当动画播放到第 40 帧时即会停止。

2．在按钮上添加代码

按钮上的代码是最常见也是最具有交互性的，比如，在 Flash 动画影片播放前，需要观众自行开启"播放"按钮或"结束"、"暂停"按钮等。因此不难理解，按钮上面的 AS 代码需要触发条件，如鼠标经过、按下或释放等。一些代码的意义如下。

Release：松开。

releaseOutside：在按钮外面松开。

Press：按下。

rollOver：鼠标滑入按钮的感应区。

rollOut：鼠标滑出按钮的感应区。

按钮 AS 特定格式：on（事件）{ 要执行的代码 }。

3．在影片剪辑上添加代码

当某个影片剪辑需要被载入或者需要达到复制、跟随等效果时，会对该影片剪辑编写代码。同时，同一个影片剪辑体现在舞台上的不同实例可以有不同的代码，执行过程中互不影响。常用触发事件说明如下。

Load：载入代码，当 MC 出现的时候执行。

Unload：卸载代码，当 MC 卸载的时候执行。

enterFrame：MC 在场景中存在的每个帧都要执行一次命令。若存在 40 帧，就执行 40 次。

mouseDown：与按钮不同，在窗口任何地方只要按下鼠标都将触发 MC 里的命令。

mouseMove：只要移动鼠标就执行代码。

mouseUp：松开鼠标就执行代码。

影片剪辑上 AS 的特定格式：onClipEvent（事件）{ 代码 }。

4．三种代码类型的比较

对帧、按钮、影片剪辑编写同一命令：跳转到第 40 帧并播放。开始的步骤都是一样的。

（1）选择指定的帧（按钮、影片）。

（2）打开"动作"面板，在左侧的"动作"工具箱中选择"全局函数"→"时间轴控制"→ gotoAndPlay（），并双击。如图 5-27 所示。

（3）在脚本助手编辑区域选择"转到并播放"帧选项，在"帧"选项中输入 40。

（4）与帧代码类型不同的是最后一个步骤。

在按钮代码类型上，会自动跳出 on（release）{ }，意思为鼠标触发的事件，默认为"释放"，还有"按"、"滑过"、"拖过"等选择。例如，

```
on (release) {
    gotoAndPlay (40);
}    //当鼠标从按钮上释放时，影片转到第 40 帧开始播放，如图 5-28 所示
```

⊕ 图 5-27

⊕ 图 5-28

（5）在影片剪辑代码类型上，则会自动跳出 onClipEvent（load）{ }，意思为该影片剪辑触发的事件，默认为"加载"，还有"卸载"、"进入帧"、"鼠标向下"等选择。例如，

```
onClipEvent (load) {
    gotoAndPlay (40);
}    //当该影片剪辑加载时，影片转到第 40 帧开始播放，如图 5-29 所示
```

　　以上介绍的三种代码添加类型是最为常见且实用的方式,用户首先需将此三种类型区别清楚,才能正确地使用代码,并且通过这三种代码类型的组合,设计出更丰富的效果。具体的编写方法将在以下章节进行讲解。

5.4.3　Flash 动画中的简单代码

　　Flash 中代码非常多,且组合编写可以做出很多效果,在此将常用的代码作一简单解释。

❶ 图　5-29

1．控制场景的常用方法

play（）；	//开始播放
stop（）；	//停止播放
gotoAndPlay（）；	//影片跳转到指定帧,然后继续播放
gotoAndStop（）；	//影片跳转到指定帧,并且停止
nextFrame（）；	//下一帧
prevFrame（）；	//前一帧
Get URL	//跳转至某个超级链接的 URL 地址

2．控制影片剪辑、声音的方法

Stop All Sounds	//停止所有声音的播放
Load Movie	//装载影片
Unload Movie	//卸载影片
duplicateMovieClip	//复制 MC

3．控制属性的常用语法

_x	//X 轴坐标
_y	//Y 轴坐标
_xmouse	//鼠标的 X 坐标
_xscale	//MC 的 X 轴缩放度
_ymouse	//鼠标的 Y 坐标
_yscale	//MC 的 Y 轴缩放度
_alpha	//MC 的透明度
_width	//MC 的宽度
_height	//MC 的高度
_name	//MC 的实例名
_rotation	//MC 旋转的角度（单位：度）
_visible	//是否可见　（True 表示可见/False 表示不可见）
_currentframe	//在 MC 中的当前帧数

_framesloaded   //已载入的帧数

_totalframes   //总帧数

_url   //被调用的 URL 地址

4．控制语句的常用语法

if（条件）｛命令 1｝else｛命令 2｝   //符合条件则执行命令 1,不符合条件则执行命令 2

for（i=0；i <N；i++）｛命令｝   //设定变量 i 的范围为 0<i<N,此时循环执行命令

while（条件）｛命令｝   //当条件满足时一直执行命令

5.4.4　按钮互动效果的制作

按钮是 Flash 元件中的重要部分,添加了代码的按钮可以响应用户对 Flash 动画影片的操作,达到真正的互动。以下将通过实例来讲解按钮的制作方法以及按钮互动效果的实现方法。

按钮元件的制作方法如下。

（1）打开 Flash 自带的公用库,里面有数种按钮可供选择。选择喜欢的按钮后,拖动至舞台即可加入场景,双击便进入编辑状态,如图 5-30 所示。

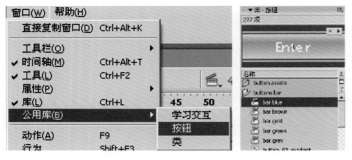

图　5-30

（2）自行设计个性化按钮。

新建一个元件,命名为"开始按钮",类型设定为按钮元件,快捷键为 F8,如图 5-31 所示。

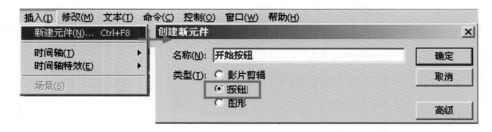

图　5-31

进入按钮编辑区,时间轴上面一共有四个帧。

第 1 帧为"弹起":为鼠标未曾接触时或按下弹起后的状态,是存在时间最长的外观状态。

第 2 帧为"指针经过":为鼠标经过按钮时的外观状态。

第 3 帧为"按下"：为单击按钮时按钮的外观状态。

第 4 帧为"点击"：这是按钮的反应区，此帧所有内容在舞台中并不可见，但只有用户触发该隐形区域时按钮中的命令才被执行。在制作中，用户可适当扩大按钮的反应区，使观众更容易点击到此按钮。

5.4.5　下载进度条的制作

下载进度条是一个缓冲的结构，它使 Flash 文件在我们观看前下载完内容，以确保播放得平滑流畅，这也是 Flash 动画中重要的一部分。由于其在网络上传播的特殊性，网络速度和 Flash 文档大小直接影响到下载的速度，因此我们需要下载进度条来显示 Flash 动画实时下载的信息，以使观众了解大概还有多久才能观看到该影片，不至于等得急躁。

1．下载进度条的制作

下面介绍简单下载进度条外观的制作。最终效果如图 5-32 所示。

（1）新建一个 Flash 文档，命名为"loading"，选择默认设置。

（2）按 F8 键新建影片剪辑"下载条"。创建两个图层，一个放置外框，另一个放置里面的颜色，如图 5-33 所示。

图　5-32

图　5-33

（3）在"外框"层绘制一个黑色方框，宽为 400，高为 25；边框线为 2.5，颜色为"无"。

（4）在第 100 帧处插入帧，使黑色框在 100 帧内存在，如图 5-34 所示。

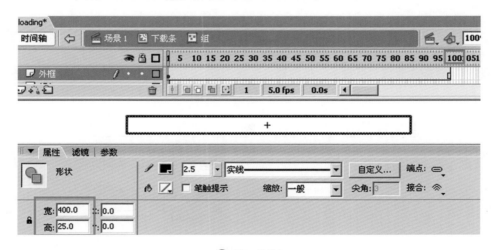

图　5-34

（5）在"颜色"层第 1 帧处绘制一个长条的矩形色块，如图 5-35 所示。

（6）在第 100 帧处插入关键帧，将色块颜色改为渐变色，如图 5-36 所示。

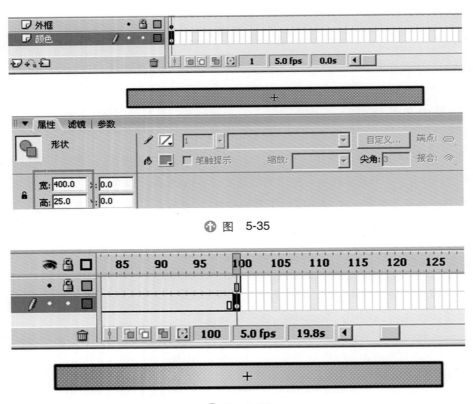

⚙ 图　5-35

⚙ 图　5-36

（7）回到第 1 帧，用变形工具将色块的右边线拉到左边，使其宽为 0。

（8）设置"形状"补间，使色块呈现向右边逐渐变宽的动画效果，如图 5-37 所示。

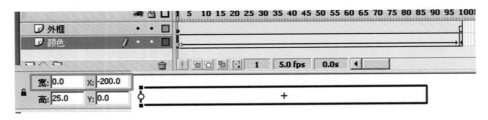

⚙ 图　5-37

（9）回到场景 1，将影片剪辑"下载条"拖到舞台适当位置，设定实例名为"mc"，并改图层名为"下载条"，如图 5-38 所示。

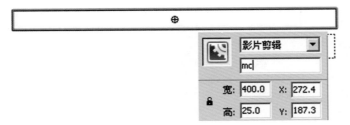

⚙ 图　5-38

（10）选择文字工具，制作具有实时变化的百分比数字显示。

（11）在属性中选择"动态文本"，在文本框中输入"loading......"，设定合适的字体大小和颜色。在"变量"参数中填入"bfb"（百分比的首写，也可以按个人喜好用其他字母），如图 5-39 所示。

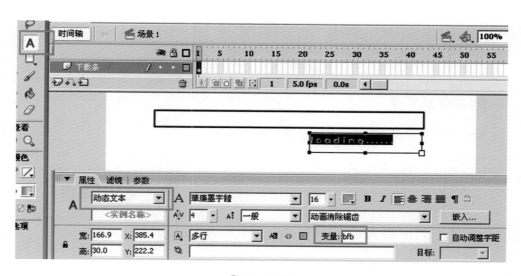

（12）在第 3 帧处插入帧。

2．添加代码

（1）新建图层"代码"，在第 1 帧处插入空白关键帧。

（2）在第 2 帧处写入如下代码。

```
yxz=_root.getBytesLoaded()；    //设定已经下载的字节数代号为"yxz"
zxz=_root.getBytesTotal()；      //设定需要下载的总字节数代号为"zxz"
bfb= "loading......"+int(yxz/zxz*100)+"%"；
```
//变量 bfb 显示的是"loading......"以及后面的下载百分比：计算"已下载字节数／总下载字节数＊100"后取
//整数，并加上百分比号"%"

```
mc.gotoAndStop(int(yxz/zxz*100))；
```
//已下载字节数改变后，变量 bfb 显示的百分比也随之改变。
//影片剪辑"下载条"的动画由下载百分比控制，如下载 80% 时，"下载条"动画将停留在第 80 帧，如图 5-40 所示

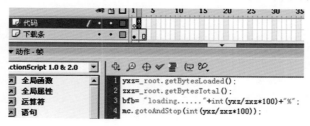

⬆ 图　5-40

（3）在第 3 帧处写入如下代码。

```
if (yxz==zxz){
    gotoAndPlay(4)；
}    //当已下载字节数等于总的需下载字节数时，影片转到第 4 帧并开始播放，即开始正式播放下载好的动画影片
else{gotoAndPlay(1)；
}    //否则，将回到第 1 帧重新下载。此命令针对下载失败的情况，如图 5-41 所示
```

（4）至此，已完成下载条的制作。在第 4 帧可以加入正式的动画影片，也可以在下一场景加入动画（只需在 "代码" 层第 3 帧代码处将场景改为 "下一场景" 即可，如图 5-42 所示。

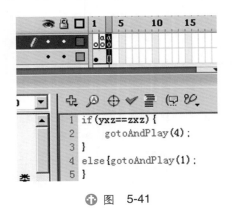

```
1  if(yxz==zxz) {
2      gotoAndPlay(4);
3  }
4  else{gotoAndPlay(1);
5  }
```

⬆ 图　5-41

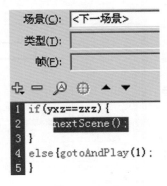

```
1  if(yxz==zxz) {
2      nextScene();
3  }
4  else{gotoAndPlay(1);
5  }
```

⬆ 图　5-42

（5）测试影片，看下载条是否有效。需要注意的是，因为只是本地下载而不是真的在网上下载，所以下载速度极快，无法看清实际效果，所以需要设置模拟下载速度。其操作方法如下。

按 Ctrl+Enter 组合键测试影片，在弹出的播放文件中，选择 "视图" → "下载设置" 命令，并选择合适的速度。

单击 "视图" → "模拟下载" 命令，即可模拟网络下载，可以检查下载条效果了，如图 5-43 所示。

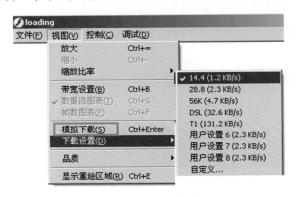

⬆ 图　5-43

思考与练习

一、讨论与思考

1. Flash 在网页设计中的应用前景如何？

2. 动画配音配乐对于叙事的帮助体现在哪几个方面？

3. Flash 在多媒体课件制作方面相对于 Powerpoint 有哪些优势？

二、作业与练习

1. 为自己的动画片制作一个下载进度条。

2. 制作春节贺卡一份，共三页，使用按钮来控制翻页。

3. 制作一个 "3 渲 2" 场景。

第6章
Flash动画结课创作——案例分析

本章案例均为浙江传媒学院动画学院学生原创作品。

6.1 "Flash 动画"课程结课作业选

主题：自选题动画创作。

全片时长不少于 30 秒、不长于 180 秒。需要制作片头、片尾。作品内部须有作者姓名、指导教师姓名、制作单位等元素。风格不限。屏幕尺寸大小建议为 720×480 像素，帧速率不低于 12fps（一拍二）。如有对白，须标示中文字幕。

6.1.1 《脚步》

该作业（作者：张凯鹏）讲述了一个往复轮回永无止境的故事，在创作之初是受了一些优秀的动画短片启发（如《阿尔法 9 号上的奇怪生物》、*killing time at home* 等），如图 6-1 ～图 6-4 所示。感觉这种故事很耐人寻味，所以作者也想做个同样类型的小短片。分析过那些优秀短片之后，总结出轮回类的故事有以下几种类型：

- 利用时间机器制造的时间轮回；
- 利用相关性造成的世代轮回；
- 利用特殊事物造成的相似事情的轮回。

图 6-1

↑ 图 6-2

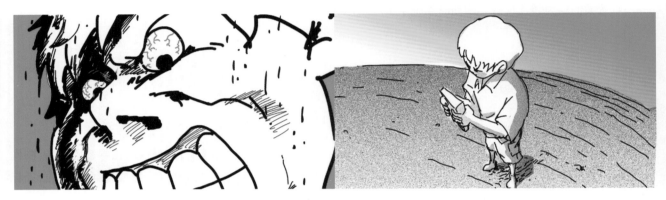

↑ 图 6-3

↑ 图 6-4

最后作者采用的类型接近第三种，这个特殊事物就是那个游戏机，它可以吸引人去玩堆方块的游戏，当得分上升到 1000 分时，自己就会变成方块。接着再吸引第二个人上钩……

制作时结合了 Flash 和 Photoshop（PS）两个软件，因为这个动画更接近于传统逐帧动画，所以用得最多的是 PS。但也不是每一帧都画，多个图层经常是相互利用的。做出来后导入 Flash 里，并对动作的快慢进行调整。同时加上 Flash 的一些元件和音效，最终合成全片。

创作过程中很多时间都用在了这个剧本的酝酿上，这个剧本的故事和风格以及想给人的感受都是从以前的积累中得到的。当剧本确定下来时，只剩下不到一周的制作时间，不过这几天正好没有课，时间上比较完整。

真正做的时候用的时间倒是很短，大概用了 5 天时间，在截止日期前一天做完。制作过程中最难的不是角色，而是动作设计。要决定画哪些动作，每一张原画应该重复几次动作才能协调到位。制作的窍门是用 KMplayer 播放器对一些好动画进行逐帧捕捉,借鉴优秀动画师的经验,然后用到自己的动画里,这里应该是最难也是最费时间的部分了。

6.1.2 《疯蛙传奇》

《疯蛙传奇》(作者:谢易登)将主角青蛙设定为一个武艺高超的赏金杀手,谁出钱合理,就给谁卖命,为此他也结下了很多仇人。

原本考虑的故事其实是有另外一个,但考虑到只能做 30 秒,很难把这故事讲完,所以就放弃了原来的故事,只做个类似预告片的短片,这样接下来如果真做那个故事也积累了一定的经验。30 秒更适合做些炫的画面和漂亮的镜头。考虑到可行性,故事主线设定为西部荒野牛仔对决,如图 6-5 和图 6-6 所示。

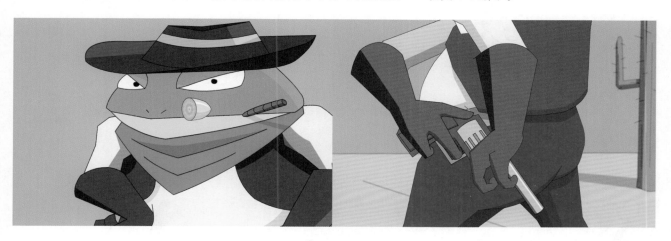

✪ 图 6-5

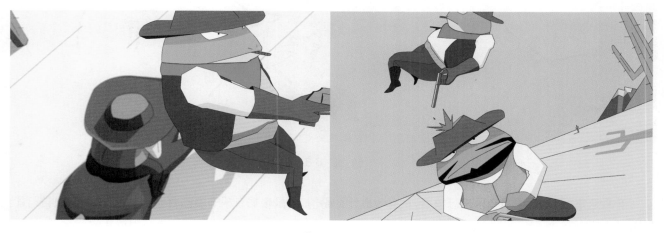

✪ 图 6-6

本片所有的创作都是在 Flash 中完成,考虑到制作速度和效率都只靠直线工具完成作图。整个片子除了字幕声音用 AE 稍微加了一下,其余部分全部都是用 Flash 完成。

问题也就非常明显:有些内容 Flash 做起来特别快,有些内容做起来特别慢。比如纯机械运动时可以很轻松地搞定,但做一些弹性运动的时候就要一帧一帧地画。同时,各个原件间时间和位置的同步也比较麻烦,要调整修改很多次才能达到一个协调的水平。

6.1.3 《爱上夏天》

该故事的创意（作者：朱鑫宇）是来自一本漫画书上的小女孩坐在蒲公英上在天上快乐地飞的一幅插图。故事便以这样的形式开始，如图 6-7 和图 6-8 所示。其中找了两个音乐，一个是久石让的 *Summer*、一个就是目前动画片所用的音乐《栗子树》。因为只是做 30 多秒的动画短片，最终还是选定了只有 40 多秒而且又有高潮、结局的《栗子树》。

↑ 图　6-7

↑ 图　6-8

音乐选定好后，就根据音乐来想故事，没有考虑什么剧情，只是根据音乐节奏画自己能画出的动作，做自己能做出的效果。

音乐找好了，故事开头也不考虑了，那就差人物了。作者找了好多小女孩的形象作参考，可是自己总是感觉不行，最后无意间看到了姐姐小时候跳舞的照片，于是把真人卡通化，人物就这样设计出来了。

该片在转场上下了不少工夫，多次采用树叶、白鸽等，把多个镜头剪辑成一个蒲公英飞翔的短片，结尾的滴水也起到了配合节奏的作用。

人物是使用刷子工具在元件中画的，场景是用铅笔工具画的。先画好了动作，然后再把人物放到场景里调整一下位置，并做一些简单的镜头。

6.1.4 《小白大战小橘》

《小白大战小橘》（作者：任暄照）是一个非常简单的动作打斗类小动画,如图 6-9 所示。这部短片追求的是故事的完整性以及内容的连贯性。在这部小动画之前另有一个创意,那部片子已经做了 1 分 30 秒,但是还没有剧情冲突,所以果断地放弃了。

✦ 图 6-9

在非常有限的时间和篇幅下做一个故事板,这样要对整个小动画的制作过程有一个整体的把握。整个打斗故事的开端、发展、冲突、收尾按照重点来规划各部分所需要下的精力。应把时间花在需要重点着墨的地方,因为整个制作时间很短,在无法把每个细节做得尽善尽美的前提下,抓住重点,才能最大限度地使作品成功。

这个短片一开始是准备上颜色的,所以在制作过程中,必须很小心地把每个连接线封好,但是还是由于不小心使之不太理想。不过熟能生巧,以后会越来越熟练。有点遗憾的是,整个动画上了颜色以后,给人的感觉是这个动画更加简单、粗糙,还不如结尾时候的那一段黑白的小片段。有的时候,做得多不如做得巧。

镜头的衔接是个不错的创作方法,本片用很多镜头来完成一个动作。如果再在场景设计上多下工夫,效果可能会更好。

6.2 综合创作作品选

6.2.1 《被单骑士》

《被单骑士》（作者：鲍懋、范祖荣）故事内容：福建省三明市的一隅。缝纫机、月历牌,尽显浓浓的怀旧风味。在一户颇有历史的民房内,住着名叫彬彬的小男孩,他正上幼儿园大班,尤其酷爱画画。今天分外炎热,妈妈不准彬彬外出,小家伙想出一个鬼点子,他找来家中的床单、水舀、锅盖,装扮成被单骑士溜出房门。他遇到同班的花花正被小狗欺负,于是便挺身而出,如图 6-10 所示。

这部片子是在范祖荣的带领下完成创作的,而且整部动画一多半的前期设计也是他完成的。这中间出现了很多问题,导致这部片子在他毕业之前没有完成。鲍懋接下了《被单骑士》这个"弃婴",还好最后总算是完成了。

⬆ 图 6-10

　　这部片子的场景部分是由范祖荣完成的,现实部分的动作由孙颖、杨智源完成的,幻想部分整段戏份是由鲍懋(如图 6-11 所示)来设计的,还有在动画部分起了很大作用的张凯鹏。片子中彬彬的原型就是范祖荣的弟弟,他在家就喜欢偷妈妈的被单披在身上到处玩,所以这部动画的本子就这样出来了。后面的打斗戏份是鲍懋加上去的。制作小组想让片子节奏快一点,所以就在动作戏上下了点工夫。但是还是在幻想和现实的结合上停顿了很久,因为这个动画在开始设定的时候,两部分风格是不一样的,处理好这个问题花了不少工夫。

⬆ 图 6-11

片子中很多镜头都很生活化,场景上其实全部是按照范祖荣家里面的布局设计的,如图 6-12 所示。创作组拍了很多的照片,还画了很多的平面图,就是想在动画中还原这个空间,其中那个石榴树和猪的场景,就是范祖荣家那边的一户养猪的人家,他们家还种了石榴树,偷摘石榴也是同学们小时候最常做的事。成片只有 4 分多钟,感觉故事还让人意犹未尽,在前期准备了很多彬彬在小镇上玩耍的镜头,甚至连场景都画好了,但是为了赶进度,也为了留足时间做幻想部分的戏份,有些镜头就被舍弃了。

⬆ 图　6-12

6.2.2 《妈妈的晚餐》

本片（导演：胡双）是浙江传媒学院的胡双同学在母亲节送给母亲的作品,故事很平凡,但是这是生活中让人感动的地方。

如图 6-13 所示,故事描述一个先天残疾的男孩阿宝自己在家准备度过他平凡的一个暑假,但这已经不是第一次妈妈为他准备好午饭后出去上班了,妈妈这么辛苦地早出晚归,男孩希望靠自己的力量给妈妈献上一份晚餐,可是妈妈一直不让他进入厨房,可能是出于保护他,也可能是妈妈觉得阿宝还没有做好准备,但是男孩心里明白,在过多的保护下自己是成长不起来的,所以在他的精心策划下,在妈妈的生日那天,男孩为妈妈献上了一份精美的晚餐。

故事立足于生活,取材于生活,导演希望用自己的手来向大家描述一个温馨的故事,影片中不乏许多在日常生活里能引起共鸣的内容,比如母亲留在家里的便当,来催吃午饭的电话,这些都是我们在生活中经历过的点滴,导演的目的就是讲一个平凡的故事,一个大家都熟悉的故事。当然要讲好这个故事需要统筹画面风格和故事的统一,目的就在于展示一套完整的叙事手段以及与美术风格相结合的艺术形式,同时画面中的场景也参考过实景,都是在当地实地考察拍摄之后作为一套完整的参考,并在制作的过程中提供了很多的灵感。

在制作初期导演就在一些小区取景,如图 6-14 所示。故事发生时间定位在 2000 年左右的一般居民小区。老年人居住者居多的社区充满了生活气息,仍然保留着许多 20 世纪 90 年代的家具和生活习惯。同时创作时还要去观察一些自己在剧本内没有想到的生活习惯和生活工具,并增加到故事内容中,这样不但是对故事的补充,同时也增加了故事的生活氛围和时代感。

↑ 图 6-13

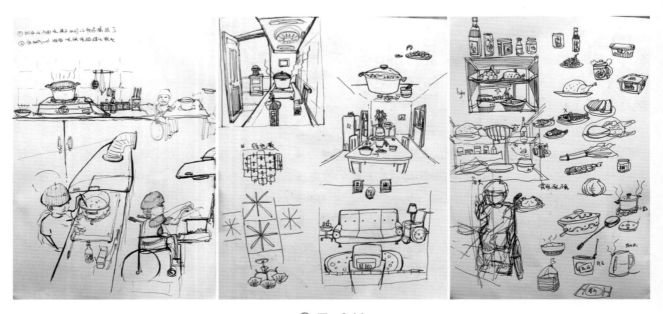

↑ 图 6-14

　　残疾孩子既受到家人的保护与关怀,同时也有一定的自尊而想摆脱这样的保护,于是作者开始尝试把两个方案结合在一起,这个时候故事就变成了一个残疾小孩给下班的家长制作一顿准备已久的晚餐的故事。这里我们可以轻易地找到一些干扰事件,比如家长不让孩子接触火,同时家长为他准备好了午饭,而小孩也想回报家长,所以最后作者选择的干扰事件是主角身体残疾,父母不让他做饭,而主角却执意要去准备那顿晚饭,让原来已有的简单事件变成了有干扰的事件。

　　故事需要一个完整的世界观来阐述,这就需要去考察残疾人生活中的习惯和方式,首先导演把目标定位于残疾的孩子,并思考孩子是如何行动的。手上的残疾对于准备午饭有一定的难度,而且也不易于表达,虽然现实生活中存在类似例子;耳、鼻、喉和眼的残疾对于叙事压力过大。于是作者就将孩子设定成一个坐在轮椅上双腿残疾的人。故事场景如图 6-15 所示。

图 6-15

6.2.3 《春天里》

　　本故事(导演:宋伟红)发生在春天,一个油菜花盛开的季节,成片的油菜花地里有一栋小房子,这就是故事发生的地点。本故事大多发生在室内,室外的镜头很少,只在开头和结尾有室外的场景。发生在室内的故事通常会比较沉闷,其实有许多办法来弥补这个缺点,比如对室内色调的把握以及室内家具的形状,还有就是镜头的调度和人物动作的夸张性。如果镜头调度精彩,人物表演也很生动,故事就不会太沉闷。

　　如图 6-16 所示,在人物设计方面,人物采用三个头的比例大小,身体胖乎乎的,表面看上去很可爱,其实他自身却笨手笨脚的。他的衣着比较简朴,与室内的环境色比较融合,整体色调很统一。故事当中的另一个主角是蜜蜂,小小的身体、大大的头,在剧中设计的角色性格是:在遇到挫折时很坚强,所以设计的最后结局是它带领着一群蜜蜂来向胖子报仇。剧中的第三个小角色是胖子的一条小胖狗,体型像青蛙,眼睛突出,四肢短小,它在剧中只是用来烘托气氛,特别是在高潮阶段,小狗不断地狂叫,这时气氛一下子激烈起来。

　　动画表演中最重要的就是要具有夸张性和一定的动作弹性,这样才能创作出一部生动有趣的动画短片。如图 6-17 (a) 所示,图中表现的动作是蜜蜂不小心钻进胖子的衣服里,胖子甩动身体。作者通过夸张的动作来表现出人物慌乱的情景。

⊕ 图　6-16

　　如图 6-17（b）所示，一只小狗在椅子下悠闲地运动着，突然被主人踩到尾巴，小狗迅速地坐了起来，结果撞到椅子背上，立刻又弹了回去。

　　如图 6-17（c）所示，小蜜蜂撞到镜子后，身体挤压变形，然后很快又被弹了回来，并迅速掉了下去。这段配音很有趣，特别是撞到镜子的声音和掉在地上的声音显得很搞笑、很生动。

(a)

(b)

(c)

⊕ 图　6-17

6.2.4　《作业惊魂》

在《作业惊魂》（导演：宋昭俊）中，每个镜头的设计都考虑到了剧情与角色的需要。同时注意到每个镜头的构图，每个镜头单独播放时都能够达到一幅画面的美感。一个镜头可能会是由角色和场景结合而成的，也可能只有场景而没有角色，也就是空镜，这样就更要在分镜头的设计中去具体地构思场景以及角色的布局关系、角度关系与画面构图的美感，如图 6-18 所示。

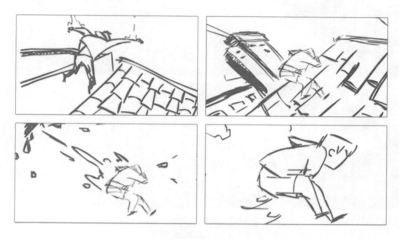

⬆ 图　6-18

如图 6-19 所示，由于《作业惊魂》这部动画短片有大量的动作设计，在原画、动画的绘制过程中，采用了 Flash 来绘制并观察效果。Flash 软件的易用性为迅速观察动画的流畅度和合理性提供了很大的帮助，这样的工作流程大大地减少了时间和成本，也减小了出错几率。

⬆ 图　6-19

《作业惊魂》这部动画短片中主要是靠镜头的组接和声音来控制整体的节奏。在镜头的组接方面采用了动静结合的手法，因为一部短片中必须要有合适的节奏，一些剧情需要通过舒缓的节奏和镜头来完成，而一些动作方面的情节则需要镜头运动的速度等来调节，这样才能使全片的节奏形成对比，也更能符合动画片剧情的需要，如图 6-20 所示。

☝ 图　6-20

　　动画短片中的节奏不仅是速度，而且是渗透在影片的各个方面，包括声音、动作、还有镜头的组接等，也就是说影片中的节奏是多种因素的有机统一，形成了一种视觉和听觉节奏的艺术。短片的节奏是一种生命力，也是评价影片的重要标准。

6.2.5 《上山》

　　《上山》（导演：倪太龙）整部作品风格清新自然，美术设计突破了固有思维，没有使用"水"、"墨"等司空见惯的技法，而是使用计算机制作，数码技术的介入不但没有破坏"禅"的意境，反而构成了电子感和古风并存的空灵韵味，如图 6-21 所示。短片讲述了一个发生在一瞬间的情节，和尚在举棋不定的瞬间进入想象，这想象是一个上山的过程，在上山的过程中，自己与渔夫对望，与下山的僧人擦肩而过，最后被竹断声惊醒，原来这想象的时间跨度只有一瞬间。

　　袁思翰为本片创作了同名原创音乐 *Up gose the mountain*。节奏不慌不忙但是力道十足。配器方面选择了钢琴和弦乐的配合。影片用和声去展现这种亚洲味道，然后用民族乐器进行点缀。实验了几种搭配后，找来一把损坏很严重的破旧木吉他，录了几个单音，搭配上大提琴和箫的声音。这就是一开始大家想寻找的声音。

↑ 图　6-21

6.2.6　《行雨》

《行雨》(导演：高思远) 讲述了一个女孩因为一场江南春雨而回忆起了自己童年时候所生活的江南,有废弃的石磨子和石板搭的石凳,有高耸的马头墙,有斑斑默默的墙面,有种着郁郁葱葱的竹子的院子,还有每家必备的大水缸等,一场雨勾起了一场回忆,女孩触摸着儿时玩耍时在老墙上留下的涂鸦,想起了过往的种种,可那历历在目的江南美景、自由自在的生活,被眼前的旧宅废墟和鳞次栉比的高楼大厦所代替,如图 6-22 ～图 6-24 所示。

↑ 图　6-22

☆ 图　6-23

☆ 图　6-24

6.2.7 《猴子与仙人》

《猴子与仙人》故事（导演：王思林）的想法来源于某个梦境中一个仙人与宠物猴子之间的互动。在剧情的修改与丰富过程中，作者参考了大量欧美动画长、短片，以角色之间的矛盾入手，注重角色间对立中的平衡，丰富了剧情的戏剧性与娱乐性，增强了情节张力，如图 6-25 和图 6-26 所示。

根据故事梗概，这个短片有画外的真实世界和画中桃子世界这两个部分。在导演完成整个故事的剧情设计以后，因为这部片子本身的中国式风格，所以对于场景设计是一个挑战。需要充分考虑到画中世界的梦幻性以及和现实世界的区分度，也要在现实世界场景的细节中融入中国式元素，然后设计一整套的场景来配合导演的意图和镜头的需要。

如图 6-27 和图 6-28 所示，本片的动作设计主要强调了不同角色的动作节奏表现。在猴子的动作设计中，特别注意了猴子肢体及情绪的反应与表情表现，特别是复杂的尾巴着实花了一番工夫。仙人的动作设计则用郁卒、惊讶、愤怒与迷糊来满足叙事的要求。在全片后段画中世界，桃子用叶子站立时重心不稳地绕了一圈。这些都为本片的叙事做了很好的表达。

图 6-25

图 6-26

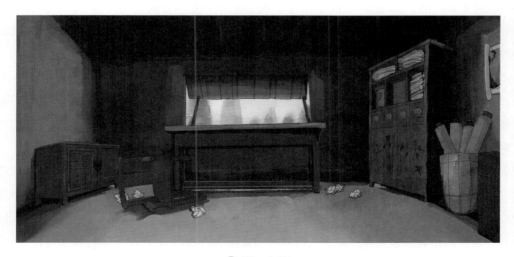

图 6-27

✦ 图　6-28

6.2.8　《电脑大作战》

这部动画短片（导演：丁洁）中，主要有小男孩和他的妈妈两个动画角色。其中，小男孩有着极其丰富的肢体语言，这些肢体语言独特，却有着一定的代表性。妈妈则是被塑造成较为严肃的职业女性形象，和小男孩形成鲜明对比，如图 6-29 所示。

这部动画片讲述了一个调皮的小男孩趁妈妈去上班的时候想尽各种办法偷偷玩电脑，却因玩得过于入迷最后还是被妈妈发现了的故事。片中小男孩活泼好动，在妈妈眼皮下面想装成爱学习的好孩子，肢体语言却透露出了他坐不住的天生好动个性。如图 6-30 所示，在妈妈眼里即使他正坐在桌前认真看书，但他一只手却不耐烦地托着脑袋，另一只手不停地转着手中的笔，眼睛闭着，听着窗外的鸟叫声，这些细节动作，都从侧面反映出了主人公小男孩一种不认真学习的态度，以及调皮好动的性格。

在图 6-31 中，当妈妈离开书房后，可以看到的不仅是张开双臂飞奔而去的小男孩，还有身边被小男孩撞倒后飞开的椅子，这一不容易察觉的物象同样以一种倾斜的姿态表示着孩子焦急和兴奋并存的心情。画面中的孩子有着近乎手舞足蹈的姿势，身子前倾，双手伸向前方，这样的动作无不表示着孩子对于门外状况的关切，同样也衬托出小男孩对于玩电脑的急切心情。

在插电源线的一幕中，如图 6-32 所示，小男孩踮着脚尖、仰着头，伸展的胳膊费力地够向电源插座，这样的姿势看似笨拙，甚至有些夸张，但是从中可以轻易地感受到孩子对于玩电脑这件事情迫切的心情。而另一方面，小男孩左手小心翼翼地拿着插线板，注意着每一根线的排布，不让房中的任一设备有过挪动的痕迹，这样一个细节表现的不但是小男孩对于背着家人做"坏事"破坏现场证据的熟练，也表现出童年时候小男孩自作聪明的可爱典型特征。

↑ 图　6-29

↑ 图　6-30

↑ 图　6-31

↑ 图　6-32

　　如图 6-33 所示，小男孩同样是前伸胳膊、大步飞奔，虽然身体姿势与前面的姿势相似，但是内心的紧张却因为跑步的姿势和面部表情微妙地表现了出来，孩子表情是紧张和惊恐的，姿势显得十分杂乱和焦虑，心急如焚却无可奈何，这些特点通过孩子的面部表情和动作表现得淋漓尽致。

　　如图 6-34 所示，妈妈回到屋中再次确认孩子是否在好好学习时，孩子明显是在装样子，翘着的眉毛表现了他显得小心翼翼，往一边瞟并且瞪大的眼睛反映了孩子的"心怀不轨"，更突出的是，颠倒的课本把孩子全然没有看书的情景刻画得相当传神，摆摆样子是孩子这时候唯一的目的。表情是所有人心理状态的指示器，对于毫无心机的小孩子来说更是如此，因而小男孩面部表情的设计对于动画中人物心理的刻画有着至关重要的作用。

　　如图 6-35 所示，孩子的喜怒皆形于色，这便是心无城府，这便是天真。当计算机的密码被小男孩碰对后，孩子内心的兴奋和激动也无须掩盖，转一圈，叫一声，夸张的动作和表情让此前的沉闷和紧张烟消云散，此时小男孩的内心一定早就忘记了自己"顶风作案"的处境，但这也是孩子与大人的不同之处。

图　6-33

图　6-34

图　6-35

参 考 文 献

[1] 李智勇. 二维数字动画 [M]. 北京：高等教育出版社，2012.

[2] 陈淑娇,王巍,刘正宏. 二维无纸动画制作 [M]. 北京：高等教育出版社，2010.